U0711209

绿道与雨洪管理

（荷）弗里克 · 卢斯 /（荷）玛蒂娜 · 维恩 · 维莱特 编
潘潇潇　译

广西师范大学出版社
· 桂林 ·

images
Publishing

图书在版编目(CIP)数据

绿道与雨洪管理/(荷)卢斯,(荷)维莱特 编;潘潇潇 译.
—桂林:广西师范大学出版社,2016.1
ISBN 978-7-5495-7401-8

Ⅰ.①雨… Ⅱ.①卢… ②维… ③潘… Ⅲ.①城市-暴雨洪水-防治-城市规划 ②城市道路-道路绿化-绿化规划 Ⅳ.①P426.616 ②TU985.18

中国版本图书馆 CIP 数据核字(2015)第 260483 号

出 品 人:刘广汉
责任编辑:肖 莉 李 丽
版式设计:吴 茜

广西师范大学出版社出版发行
(广西桂林市中华路 22 号 邮政编码:541001
网址:http://www.bbtpress.com)
出版人:何林夏
全国新华书店经销
销售热线:021-31260822-882/883
利丰雅高印刷(深圳)有限公司印刷
(深圳市南山区南光路 1 号 邮政编码:518054)
开本:635mm×1 016mm 1/8
印张:31 字数:60 千字
2016 年 1 月第 1 版 2016 年 1 月第 1 次印刷
定价:258.00 元

目录

雨洪管理

前言

高温干旱时节的降雨是上天的恩赐，然而一次大幅度的降雨则会给城市带来负担。我们的城市均设有可以尽快排干积水的排水系统。雨量充沛时，雨水径流会卷集着地表垃圾和地表水流入排水系统。不同的气候情况可能导致三种局面：降雨过多，引发洪水；降雨稀少，造成缺水；或是时而降雨过多，时而降雨稀少。到底是哪些因素在起作用？如今，我们可以借助微妙的方法应对此类问题。

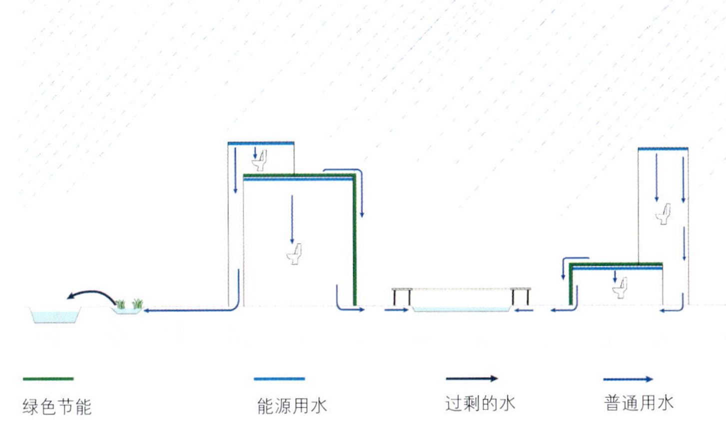

绿色建筑水系统

水满则溢，过犹不及

过多的降雨可能引发河水泛滥。初期阶段，我们可以通过控制排水和径流、放缓水流速度等方式降低这种风险发生的可能性。公共空间的吸水性树木及其他植被可以帮助延缓径流的流速。而冷杉、云杉、松树、七叶树、栓皮栎和紫椴等植物则可以有效地滞留大量的雨水径流。

绿色建筑水池设计

除了栽植树木，绿色屋顶和绿墙也可以帮助拦截雨水径流。绿色屋顶好似一块海绵，可以在屋顶的积水缓冲能力达到最大限度时，吸收溢出的积水。基底层的厚度决定着屋顶的蓄水能力，我们可以根据基底层的厚度对绿色屋顶进行分类。基底层越厚，屋顶的积水缓冲能力越强。一层薄薄的屋顶可以拦截约40% 的年降雨量，而一层厚厚的屋顶则可以拦截约 60% 的年降雨量。除了拦截雨水径流，树木、绿色屋顶和绿墙还可以过滤空气中的粉尘，帮助城市降温，为城市空间增添植被。

目前采用的另一应对过多径流的方案是在路面下存储径流。路面下的塑料箱储水系统可以收集街面上的径流，因而是路面下的一处积水缓冲区。缓冲区填满后，径流便缓慢地流入地下水道。这些解决方案的一个重要优点是节省了昂贵的蓄水费用。

积水成渊

中国的水资源分配极不平衡，很多地区都常年面临着可用干净水源匮乏、降雨量稀少、蒸发量过高等问题的困扰。而且河流和运河中的水通常又含有大量的盐分，可是地下水资源有限，因此，抽取地下水也不是长久之计。那么为什么不更好地利用一下源自空中的水资源呢？

绿色建筑鸟瞰图

水资源的利用可以从收集屋顶、广场、街道和道路上的积水入手。如今，积水收集问题已经成为诸多公共空间设计过程中需要考虑的主要问题，例如，意大利锡耶纳市的坎波广场（Piazza del Campo）内便设有一处中央积水收集点。

然而，雨水并不都是干净的。由于空气污染问题，雨水可能会被酸化或是含有重金属污染物。因此，必须对雨水进行净化。除了借助沙子、碳和过滤器对雨水进行净化外，透水路面系统也可以净化雨水。透水路面铺设有生长着微生物的 4 厘米 (1.6 英寸) 厚的重金属滤布可以净化雨水中的碳氢化合物。净化后的雨水被存储在路面结构下，且存储在路面结构下的雨水不易蒸发。

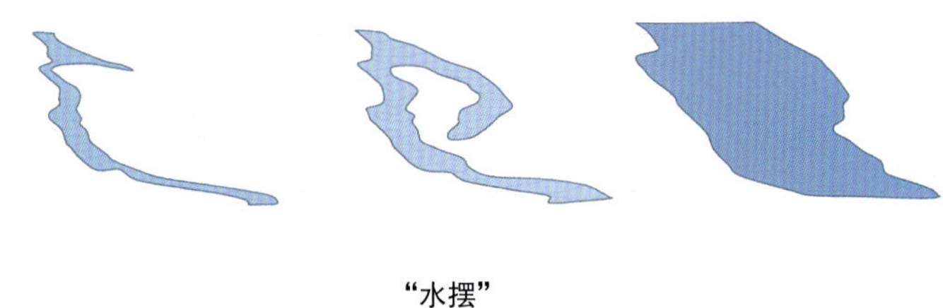

“水摆”

储存下来的干净雨水可以作为灰色水（冲厕用水）使用，这样一来，也可以节约饮用水资源。采用这种方式，广州的一个绿色政府大楼项目每年可以节省 120,000 立方米（31,700,646 加仑）的饮用水。干旱时节，运河严重缺水，净化后的雨水可以对运河水进行补充。储存下来的干净雨水还可以用于城市装饰，或是用于灌溉公园和绿地内的植物。喷洒干净的水源可以冲刷掉土壤中的盐分和污染物，为城市植被群落生物多样性的发展提供可能，从而推动城市生态用水管理的发展。

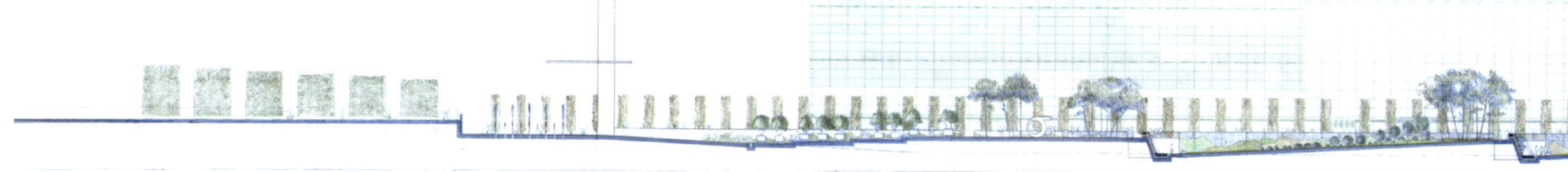

降雨量时而过多，时而过少

面对降雨变化问题，吉尔公园（Geerpark）住宅区找到了解决办法。这一荷兰的住宅区引入了“水摆”设计，带有天然河岸的水道从街区蜿蜒而过，收集屋顶和道路上的雨水径流。雨水充沛时，水位高涨；干旱时节，水位下降，而且土壤也会吸收部分水流。景观风貌和植被的生长环境也随着水位的变化而变化。因此，“水摆”是植物、两栖动物、鱼类、鸟类和昆虫的天然栖息地。

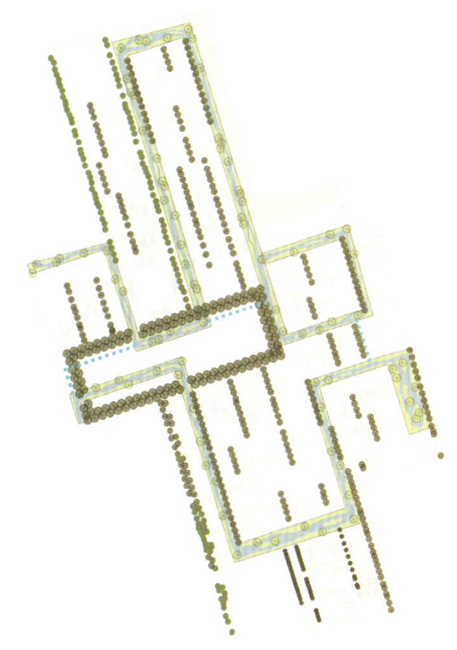

绿色结构中的“水摆”

差异化雨洪管理策略

一种恰当的雨洪管理策略并不能解决各个区域的雨洪管理问题——需要根据每个区域的具体情况，如气候情况、环境情况和水资源可利用情况，采用相应的雨洪管理策略。而如何利用雨水，并使雨水在城市环境中发挥凝聚作用也是至关重要的。

卢斯 & 维莱特设计工作室弗里克·卢斯和玛蒂娜·维恩·维莱特共同创作

施工进程图

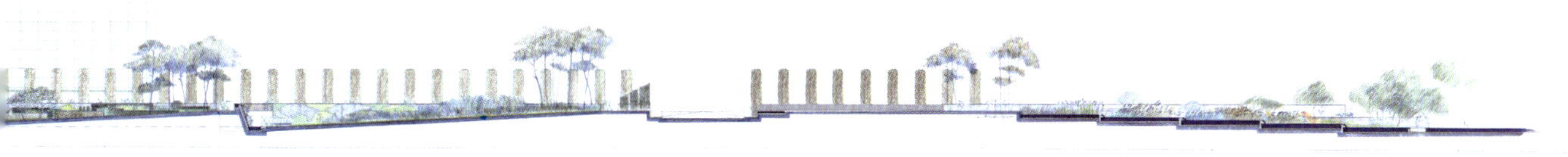

第一章 公共绿道雨洪管理实践

1.1 绿色雨洪基础设施简介

城镇化改变了自然景观，也影响着水循环。自然环境条件下的水通过蒸发、沉淀、渗透（地下水补给），以及植物的吸收与蒸腾维持着水流循环的平衡。然而，城镇化过程中，建筑物、道路、停车场等不透水层结构的修建使水循环发生改变，引发地下水补给量的减少和地表径流量的增加。城市雨洪管理的是快速处理地表雨水径流，将地表径流直接排入水渠或是通过运输排入河流。

绿色雨洪基础设施（GSI）包含一系列可以拦截雨水的土壤水植物系统，通过雨水拦截，部分径流渗入地面，部分径流在空气中蒸发，部分径流有时还可以缓缓流回污水收集系统。绿色雨洪基础设施将雨水径流作为一种资源，而不是一种需要清除和处理的废弃物，运用到城市环境中。城市雨洪管理方式的改变，使城市居民获益颇多：

• 小型分散的绿色雨洪管理系统通过植被种植辅助铺地景观。这一系统可存储部分雨水，减少已有污水管网内的流量。

• 流入绿色雨洪基础设施的雨水流速放慢，为雨水渗透、蒸发以及自然水文循环提供时机。

• 植被系统可以过滤地表径流，增加其流入污水收集系统的时间，同时改善水质。

• 渗入系统减少了流入污水收集系统的径流量，因而减少了污水处理的运行费用。

• 替代性运输工具的使用可以减少既定项目中所需的管道及收集结构的使用量。

• 植被系统可以改善空气质量和环境，减少城市热岛效应，增加附近地产的价值。

芝加哥大学 58 号西街街道景观 © site design group, ltd.

芝加哥大学 58 号西街街道景观 © site design group, ltd.

1.2 雨洪管理与公共绿道

本书将呈现出雨洪管理的多种设计方式，其中涵盖雨水收集植物池设计、雨洪路缘扩展设计、雨洪树木设计、雨洪树槽设计，以及渗水路面设计。每一种雨洪管理措施（SMPs）的设计都是在道路通行优先权的概念内渗透和滞留雨水径流。任何一处基于道路通行优先权而建的绿色雨洪基础设施必须考虑到雨洪管理措施对已有街道及其使用者的影响。

采用茂盛的植被和高质量的建筑材料且设计巧妙的雨洪管理设施可以成为附近居民区、公园、广场、公交车站，以及停车场的核心地带、特色通道或是社区优化带。绿色雨洪基础设施内的植物需根据所处的环境进行选择，尽量选择耐盐、耐旱、暂时性抗淹的植物。

此外，种植物的街面可用于布置绿道雨洪基础设施说明引导标识。绿道雨洪基础设施相互连接为一个整体系统，可以增强街道的雨洪存储和处理能力。多个雨洪基础设施可以同时使用，还可以共同应对更多的径流，而且整个街道系统的设计也会对多种不同情况作出反应。

1.3 发展中的雨洪管理措施

适用于道路通行优先权的多个雨洪管理措施已在其他城市得到使用，而这些措施还未经广泛测试。更多的雨洪管理技术已在费城街道得到运用。

- 绿色排水槽

- 雨水排水井

注意在此提及的雨洪管理措施并不是绿道雨洪基础设施的全部内容。其他的雨洪管理措施需根据具体的需求和环境进行设计和实施。

1.3.1 绿色排水槽

概述

绿色排水槽指的是沿路边线设置的窄浅景观带。排水槽的设计可以通过使植物媒介的顶部低于街道排水槽的高度来管理雨水径流，使来自街道和人行道的雨水径流直接流入绿色排水槽。

街边绿色排水槽可以通过抬高路边，使径流流入其中。绿色排水槽的设计可以使径流渗入或流入已有的雨水管渠。排水槽可以减慢雨水流速，存储雨水，有时还可以使雨水渗透或蒸发。

流通型绿色排水槽内溢出的径流可以通过连接已有雨水排水系统的暗渠或是河道径流流入已有雨水排水系统。

效用

- 采用抬高路边设计的街道在人行道与街道之间设有物理缓冲区。

- 绿色排水槽不会侵占人行道。

- 绿色排水槽为小型植被提供空间。

潜在的限制条件及注意事项

- 设计需要考虑已有的路内停车环境及街道宽度。

- 景观材料需要适应排水槽的流速带来的直接影响。

对骑车者和行人的影响

- 进行边缘处理，防止行人和骑车者进入绿色排水槽。

- 需将排水槽布置在自行车道外侧。

城市设计环境

- 需要考虑无路内停车或者宽敞路肩的排水槽设计。
- 排水槽的设计并不适用于使用频率高的人行道。

维护

- 日常的景观维护是必要的。（见图 1–1）

1.3.2 雨水排水井

概述

雨水排水井可以通过接收上游收集预处理系统内的雨水来管理雨水径流，并将雨水通过检修孔排放至周边土壤。

效用

- 雨水排水井占地面积小，潜在储水量大。
- 可以用于不适用雨洪管理措施的区域。

潜在的限制条件及注意事项

- 雨水排水井底部与季节性高水位之间的最短距离为 60 厘米（2 英尺）。
- 雨水排水井底部与基岩顶部之间的最短距离为 90 厘米（3 英尺）。
- 雨水排水井底部与建筑地基之间的最短距离为 6 米（20 英尺）。
- 设计尺寸可以根据径流量研究方法而不是径流量静态储存进行调整。

1. 植物在美化街景的同时，过滤并蒸发雨水
2. 路面的雨水流入绿色排水槽
3. 雨水通过土壤渗透至地下
4. 人行道的雨水流入绿色排水槽

图 1-1: 绿色排水槽立体视图

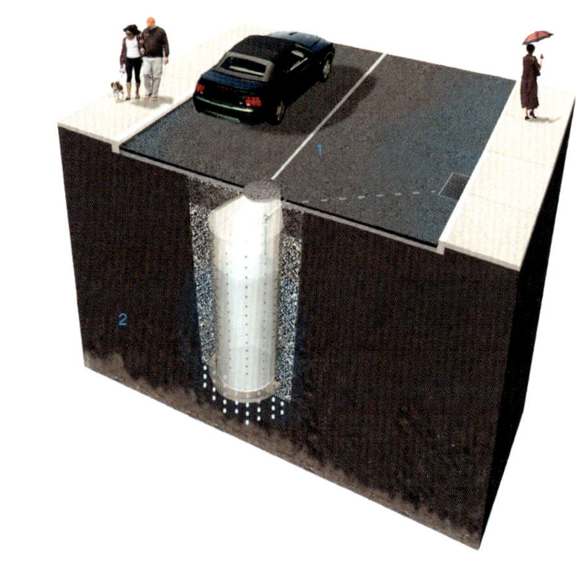

1. 排水井预处理系统将雨水分散至周围岩石和土壤。
2. 进水口及预处理系统的雨水流入渗透孔。

图 1-2: 雨水排水井立体视图

对骑车者和行人的影响

• 雨水排水井不会对骑车者或是行人产生任何影响。

城市设计环境

• 雨洪管理措施全部设在地下，仅在地表留有一处井盖，因此，雨水排水井不会对城市环境产生任何影响。

• 此处雨洪管理措施的使用可以与其他雨洪管理措施相结合以增强雨洪管理效果和美感。

维护

• 引入雨水排水井的雨水流经预处理系统；雨水排水井自身不需要过多的维护，而上游预处理系统必须进行维护。

1.4 现行雨洪管理措施

通过在高度城市化区域开展可以展示绿色雨洪控制技术的项目，景观设计师们已经开始对绿色雨洪基础设施给予关注。几处街道景观设计案例已采用如下措施：

• 雨水收集植物池。

• 雨洪路缘扩展（路段中及街角处）。

• 雨洪树木。

• 雨洪树槽。

• 渗水路面。

1.4.1 雨水收集植物池

概述

雨水收集植物池是一种设置在人行道区域的专业景观植物池，其可以对雨水径流进行管理。通过使植物媒介的顶部低于街道排水槽的高度，将植物池与一个或多个流入口（类型各异）相连，来使街面雨水径流流入植物池。临近人行道的径流可以从地表直接流入雨水收集植物池。设施内采用的植被可以吸收水流和污染物质。虽然雨水收集植物池的设计形式多样，但多采用矩形结构，四边墙面垂直，底部开放。

效用

• 雨水通过种植土壤渗透至地下，同时改善水质。

• 人行道与街道之间设有物理缓冲区。

• 街景的审美度增加。

• 植物池的大小和位置可以根据车道、标志、街面装饰、树木等已有的地表特征进行调整。

• 植物池可以为小型植被和树木提供空间。

潜在的限制条件及注意事项

• 需要宽阔的人行道容纳植物池循环及行人来往。

• 有时可以根据周围地表水平挑战植物池内部极限深度。

• 植物池设计需对路内临时停车或是车辆临时停靠加以考虑。

对骑车者和行人的影响

• 植物池可以将行人与行驶车流隔离开来。

• 植物池可以侵占人行道，最宽 60 厘米（2 英尺），最长 3 米（10 英尺），最小间隔 9 米（30 英尺）。

城市设计环境

• 植物池可以为街景增添元素。

• 边缘处理有助于街景设计，即围墙设计可以起到防护墙的作用；围栏可以增添美学特征；边缘处理可以包含艺术元素。

• 雨水收集植物池被认为是所有街道类型优先考虑的设计处理方式。

维护

• 植物修剪、早期浇灌、除草、垃圾清理等日常景观维护是非常必要的。

• 流入口及管道的日常清洗非常必要。

1.4.2 雨洪路缘扩展

概述

雨洪路缘扩展是一种将已有路缘线扩展至车道的路缘扩展美化形式。其设计可以对雨水径流进行管理，通过使路缘扩展植物媒介的顶部低于街道排水槽的高度，将路缘扩展与一个或多个流入口（类型各异）相连，从而使街面雨水径流流入路缘扩展。临近人行道的径流可以从地表直接流入雨洪路缘扩展。

雨洪路缘扩展的设计可以拦截植被区域内或地下石床内的雨水，使之渗入地下。路缘扩展内的景观林可以通过根系有效地吸收部分雨水。剩下的雨水被暂时储存在路缘扩展内直至其渗

1. 增加街景的同时，植物过滤并蒸发雨水
2. 路面的雨水流入植物池
3. 人行道的雨水流入植物池
4. 雨水通过土壤渗透至地下

图 1-3: 雨水收集植物池立体视图

路段中雨洪路缘扩展

1. 雨水从路面流入路缘扩展
2. 增加街景的同时，植物过滤并蒸发雨水
3. 雨水通过土壤渗透至地下
4. 石头或是其他存储媒介可以提供额外的雨水存储空间

街角处雨洪路缘扩展

1. 增加街景的同时，植物过滤并蒸发雨水
2. 雨水从路面流入路缘扩展
3. 雨水通过土壤渗透至地下
4. 石头或是其他存储媒介可以提供额外的雨水存储空间

图 1-4: 雨洪路缘扩展立体视图

入或者排入下水道。流入路段中雨洪路缘扩展的雨水通过下游侧开口处流入附近的下水道。

效用

• 植物土壤过滤水源，改善水质。

• 人行道与街道之间设有物理缓冲区。

• 雨洪路缘扩展不会侵占人行道。

• 雨洪路缘扩展使街道变窄从而达到放缓车速的目的。

• 设在十字路口的雨洪路缘扩展可以缩短行人过马路的距离。

• 雨洪路缘扩展可以为小型植物和树木提供空间。

潜在的限制条件及注意事项

• 设计必须考虑已有路内停车环境、街道宽度以及车辆掉头等因素。

• 已有路缘线的改变将对已有街道排水系统带来直接影响，路缘扩展设计一定要确保已有街道排水系统不会受到影响。

• 植被栽植需考虑到十字路口的能见距离。

对骑车者和行人的影响

• 路缘扩展的设置需避免改变自行车道。

• 如将路缘扩展设置在十字路口附近，则需通过路缘扩展调整人行道，否则会削弱路缘扩展的雨水处理能力。

• 如路段中设有雨洪路缘扩展，则无需在路段中设置人行横道。

城市设计环境

• 路缘扩展设计可与行人座椅或公交候车亭相结合。

• 本书将上述措施称为路缘扩展。路缘扩展被认为是当地主要交叉路口的首选设计方式。

维护

• 植物修剪、早期浇灌、除草、垃圾清理等日常景观维护是非常必要的。

• 流入口及管道的日常清洗非常必要。（见图 1-4）

1.4.3 雨洪树木

概述

雨洪树木指的是种植于人行道区域指定树坑内的行道树。其设计可以对雨水径流进行管理，通过使植于树坑内植物媒介的顶部低于街道排水槽的高度，将树坑与一个或多个流入口（类型各异）相连，从而使街面雨水径流流入树坑。临近人行道的径流可以从地表直接流入树坑。

多个树坑按序排列，最大化地提升树坑的雨水拦截和处理潜力。雨水渗入或排入与树坑相连的雨水排水管网。雨洪树木无法处理的部分径流可以绕过树坑，流入其他下游的雨洪管理措施或是下游雨水渠。

效用

• 更多的树木可以为街景添色。

• 树木栽植只需一小块区域，适合在面积有限的地点种植。

• 可以适应陡峭的地形变化。

• 可以设置在标识、长椅、消火栓、照明等已有街面装饰之间。

潜在的限制条件及注意事项

• 限制了雨洪管理能力。

• 树坑凹陷入地面，需要防止行人践踏植物媒介表面。

对骑车者和行人的影响

• 行道树可以提供树荫，将行人和行驶车辆隔离开来。

• 雨洪树木可以侵占人行道，最宽 60 厘米（2 英尺），最长 1.5 米（5 英尺），最小间隔 9 米（30 英尺）。

城市设计环境

• 栽植树木为街景添色。

维护

• 日常的树木维护和垃圾清理非常必要。（见图 1–5）

1.4.4 雨洪树槽

概述

雨洪树槽指的是设置于人行道区域的地表下树槽。其设计可以对雨水径流进行管理，通过将地表下树槽与一个或多个流入口（类型各异）相连，从而使街面雨水径流流入地表下树槽。径流被储存在树槽内的岩石或其他存储媒介的空隙中，可以浇灌树木或是缓慢通过树槽底部渗入地下。

雨洪树槽无法处理的部分径流可以绕过雨水渠，流入已有的下游进水口或是与雨水排水管网相连的地下排水系统。可将设有树槽和树木的地表高度恢复成周围地表的高度。

图 1-5: 雨洪树木立体视图

图 1-6: 雨洪树槽立体视图

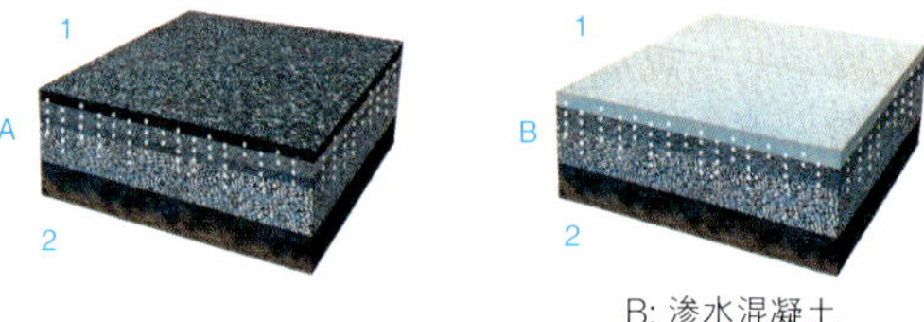

图 1-7: 渗水路面立体视图

效用

• 有能力存储大量的雨水径流。

• 栽植树木为街景添色。

• 树槽设置对已有人行道宽度、使用及地表特征的影响与典型行道树栽植对上述内容的影响相似。

潜在的限制条件及注意事项

• 雨水直接流入地表下系统，需要特别留意系统的预处理问题。

对骑车者和行人的影响

• 不得妨碍自行车和行人。

• 可以通过树木、树池围栏、地砖等为街景添色。

维护

• 树木的日常景观维护非常必要。

• 流入口及管道的日常清洗非常必要。（见图 1-6）

1.4.5 渗水路面

概述

渗水路面是一种含有渗水材料的坚硬路面，可以减少路面径流量。渗水路面通常带有存储媒介，比如渗水表面下方的石头，除了可以为常规道路提供结构支撑，还可以暂时性地储存雨水。渗水路面有时被称为渗透性铺砌，包含多种不同类型的渗水表面：渗水沥青、渗水混凝土及渗水铺路材料。采用渗水沥青和渗水混凝土材料的路面，雨水从材料表面流过，而采用渗水铺路材料的路面，雨水从材料接缝空隙流过。

效用

• 维护路面及其他硬景观表面的同时，提供雨洪管理。

• 可以取代传统路面替代工程。

潜在的限制条件及注意事项

• 很多街道都带有非渗透性混凝土基层，替换为渗透性路面后，渗水效果显著。

• 设计必须考虑交通荷载情况。

• 在没有相关水务部门的允许下，不得使用渗水路面排放雨水。

对骑车者和行人的影响

• 自行车道不得采用连通型铺路材料。

城市设计环境

• 变换的渗水铺路材料类型。

维护

• 定期清理或是地表吸污处理非常必要。

• 确保路面没有沉积物。清理沉积物，比如附近区域易受腐蚀的土壤。（见图 1-7）

第二章 道路职能与雨洪管理在公共绿道中的适用性

道路的功能分类已在表 2-1 中进行说明。其中也涵盖了每种道路（不包括高速公路）及所有按类型划分的线路特征总结。道路职能分类主要是针对车辆行驶的需要和特点。

2.1 新街道类型

公用街道是一个城市最为宝贵的基础设施资产。利益共享者争先使用公用街道。本书在这一使用情境下对街道职能分类使用进行收录和重估，为道路建设开发出新的街道分类方式。新的分类方式对道路职能分类、土地使用特点、发展密度及各街道行人活动水平等方面进行考虑。

新的街道类型是对道路职能分类的补充，可在改变已有街道或者评估新街道及人行道作为部分发展项目之时用于规划决策。表 2-2 涵盖了新的街道类型模型。

表 2-1: 费城道路功能分类

功能分类	描述
低速斜坡	连接高速公路与街道网的上坡和下坡
主干道	为长途旅行提供服务 通常是多车道和分车道行驶道路 高流量
次干道	为中等长度的旅行提供服务 中高流量
次干路	为邻近区域及小片区域提供服务 连接地方道路与交通干线 低于干线交通流量
局部路段	主要为临街建筑物提供通道 低流量
非行驶路段	交通封闭道路

表 2-2: 费城人行道与自行车道规划中的街道类型界定

类型	描述
高流量人行道	• 高密度商业、住宅混合区内的重要行人聚集地 • 每小时可接纳 1,200 名行人 • 部分街道可为车辆提供用道，缓解交通压力
礼仪用道	• 该组用道具有象征性意义，在城市生活中扮演独特角色（例如：百老汇、市场街、花园路） • 人行道为一般性的行人散步场所 • 作为主干道，这部分道路的意义重大
适于步行的商业走廊	• 可为行人提供方便的商业走廊 • 多数建筑沿地段线而建，停车场并不是最为主要的特征 • 在道路通行优先权的问题上，商业区车辆停放及通行的需求常与行人及自行车停放的需求发生冲突 • 人流量较低，但与以机动车为主的商业用道相比，步行更为方便 • 土地使用类型为商业混合型，同时配有一些住宅区和社会机构
城市干道	• 承载交通的主干道或次干道 • 常设有交通路线，并为行人提供安全设施保证行人安全通行，为车辆提供待行区 • 与其他街道类型相比，行车道较多，车辆行驶速度更快 • 土地使用类型多变：多用于商业、住宅或社会机构
以机动车为主的商业工业用道	• 发展形式以机动车为主，后缩建筑物，避让前方街道、车道、停车场 • 不提供行人方便设施，行人活动较少，多设有中转停靠站和个人活动中心 • 土地多用于商业、汽车服务或社会机构

（接上页图表 2–1）

公园道路	• 为公园内车辆和行人提供道路的次干道、次干路及局部路段 • 限速低于景观道路 • 设有行人、骑车者共用的侧向通道及人行道、自行车道或者共用的道路设施
景观道路	• 沿公园或水路而设的观景干道 • 道路车流量相对较高，车速高于公园道路和局部路段 • 土地使用类型一般为公园用地，也可能建于低密度的有茂盛树木的居民区 • 设有行人、骑车者共用的侧向通道及人行道、自行车道或者共用的道路设施
城市街坊	• 费城老城区内多为网格状街道 • 次干道和次干路，土地使用类型为商业混合型，并建有高密度居民区 • 与低密度住宅区街道建筑后缩不同，建筑沿地段线而建
低密度住宅区	• 次干路和局部路段为商业区、住宅区和社会机构提供道路通行 • 晚于城街区出现，多为后缩型建筑
窄路共用	• 非常狭窄的局部路段，主要位于老城区 • 路面人行道虽然狭窄，但行人和骑车者通行比较方便 • 用地不宽于 9 米（30 英尺）；车道不宽于 3.9 米（13 英尺）；不设路内停车区
局部路段	• 为附近住宅区或非住宅区提供道路的小型街道 • 设有辅助街道和小型住宅区街道 • 道路一侧或两侧停车，并设有人行道

2.2 雨洪管理在公共绿道中的适用性

本节所记述的要素可为规划师和设计师在街道基础环境设计方面提供帮助，也将在相关地点的选择上提供帮助。除了拦截、渗透和放缓雨水径流等能力外，道路空间分配要求、应对多种形式的规定条款以及与邻近土地使用之间的关系均可决定这一位置是否具有设置绿色雨洪基础设施的空间和特征。

表 2–3 为雨洪管理措施的适用性模型。一般从一个街区进入到另一个街区的道路类型并不常见。沿途的街景设计连贯，汽车司机、骑车者及行人易于理解，各道路类型之间自然过渡。可根据各道路的不同使用情况，选取适合的措施，鼓励良好的交通行为，并对多种道路类型的不同使用环境进行说明。

🟢 建议使用
🟡 可以使用，但有更好的选择
🔴 不建议使用

表 2–3: 雨洪管理措施适用性模型

* 措施仅适用于人行道、自行车道、停车场及路肩区域

雨洪路缘扩展	高流量人行道	礼仪用道	适于步行的商业走廊	城市干道	以机动车为主的商业工业用道	公园道路	景观道路	城市街坊	低密度住宅区	窄路共用	局部路段
路段中	🟢	🟢	🟢	🟢	🟢	🟢	🟢	🟡	🟢	🔴	🔴
街角处	🟢	🟢	🟢	🟢	🟢	🟢	🟢	🟢	🟢	🔴	🟡
雨洪树槽	🟢	🟢	🟢	🟢	🟢	🟢	🟢	🟢	🟢	🟡	🟢
雨洪树木	🟢	🟢	🟢	🟢	🟢	🟡	🟡	🟢	🟢	🟡	🟢
雨水收集池	🟢	🟡	🟢	🟢	🟡	🟡	🟡	🟢	🟢	🔴	🟢
渗水路面	🟡	🟢*	🟢*	🟢*	🟡*	🟢	🟢	🟢	🟢	🟢	🟢
绿色排水槽	🟡	🟡	🟡	🟡	🟡	🟢	🟢	🟡	🟢	🔴	🟢
雨水排水井	🟢	🟢	🟢	🟢	🟢	🟡	🟡	🟢	🟢	🟢	🟢

第三章 公共绿道设计指南

3.1 绿色雨洪基础设施设计要求

3.1.1 设计要求概述

本章涉及的内容是绿色雨洪管理措施和系统的设计信息。“雨洪基础设施”是一种具体的实践形式，比如雨水收集植物池或雨洪树槽。“系统”指的是多个相连的雨洪管理措施。本章论述的是操作过程中必须遵循的设计要求及可以遵循但有例外情况的设计指导。设计要求多使用“必须”一词表述，而设计指导多使用“可以”一词表述。

道路通行优先权下的所有绿色雨洪基础设施均为公共资产。设计要求可确保雨洪管理措施结构的标准性，以便后期维护的展开。因此，必须遵循设计要求，对于不符合设计指导的情况可以进一步论证。此外，本章对绿色雨洪管理措施和系统的尺寸、输送径流的进水口的设计进行了论述。

3.1.2 绿色雨洪基础设施设计效果

绿色雨洪基础设施通过渗透、蒸发，从排水沟分离、滞留等形式管理雨水径流。通常情况下，设施由植被、地表贮藏、地下存储等部分组成。落实绿色雨洪基础设施的首要目的是减少雨水径流量。而径流量的减少会带来诸多好处，比如改善水质、保护河道、控制洪水。每个雨洪设施至少可以处理 2 至 3 厘米（1 英尺）的雨水径流。

进水口设计可将径流输送至每个雨洪管理措施。根据本书中的要求及指导设计的雨洪管理措施，可以在渗水措施无法实施的区域，滞留或放缓雨水径流。

3.1.3 土壤测试及要求

必须采用渗水措施，除非设计师确定该区域渗透率低、岩土工程不达标或者存在环境污染问题，无法采用渗水措施。如果渗水措施无法实施，可通过滞留和缓释控制，排放存水。

3.1.3.1 低渗透率

雨洪管理措施底部深度渗透率低于 6.3 毫米（0.25 英尺）每小时，且雨洪管理措施下面的土壤为可渗透性土壤的区域，可考虑下列措施：

• 降低雨洪管理措施底部的既定高度，以便雨洪管理措施内的雨水渗入排水土壤。

• 挖出渗透性差的土壤，换入渗透性好的土壤。工程师必须确认新土壤的渗透率高于 6.3 毫米（0.25 英尺）每小时，或与之持平。如果渗透率低于该值，且雨洪管理措施下面的土壤为非渗透性土壤，该区域的雨洪管理措施则会被设计为缓释滞留系统。

3.1.3.2 过高渗透率

渗透率过高可能预示着测试地点的水压系统与地下空隙或裂缝相连，这种情况可能造成地面沉降或邻近建筑的毁坏。为此，设计工程师必须与优秀的岩土工程师相互协作，对此类问题做出最佳的判断。已被认定的高渗透率区域，可以考虑以下措施：

• 挖出渗透性差的土壤，换入渗透性好的土壤。

• 无法更换土壤的区域可铺设土工膜等防渗水材料，并将雨洪管理措施设计为缓释滞留系统。

3.1.4 尺寸要求

必须根据各区域的面积和容量设计绿色雨洪基础设施系统。

3.1.4.1 面积

根据水务部门的规定，渗水系统的最大荷载比为 10:1，但如果径流通过地表措施排入地下，该区域的荷载比可能高于规定值。地表措施容许荷载比是由雨洪管理措施水平面的上方区域及该区域的沉积物堆积量决定的。

与雨洪管理措施相连的水压系统可应对单个排水区域的径流，占地面积较大的下游雨洪管理措施可帮助上游小型雨洪管理措施处理过多的径流。

3.1.4.2 容量

绿色雨洪管理措施必须拦截并处理既定存储量的径流，至少相当于防渗水区域 2 至 3 厘米（1 英尺）的雨水径流。请运用等式计算既定存储量：

V = A x P/12（等式）

V 代表既定存储量（单位：立方英尺）

A 代表防渗水排水面积（单位：平方英尺）

P 代表沉积量（至少 1 英尺）

与雨洪管理措施相连的水压系统可应对单个排水区域的径流，占地面积较大的下游雨洪管理措施可帮助上游小型雨洪管理措施处理过多的径流。请使用如下标准计算绿色雨洪管理措施存储量：

• 多孔粗晶碎石骨料的孔隙率为 40%。

• 表层土壤的孔隙率为 20%。

溢流控制装置立面存储量不可被计入既定存储量。位于基岩或季节性高地下水位等渗透受限区域上的雨洪管理措施的底面标高至少是 61 厘米（2 英尺）。

3.1.5 补充要求

3.1.5.1 系统排水

绿色雨洪基础设施必须在 72 小时内完成排水，最好可以在 24 小时内完成排水。绿色雨洪基础设施设计要求及指导中提到，基础设施设计阶段，必须进行土壤渗水测试。必须在所有配备地下存储设施的雨洪措施内设置暗渠。地下排水管的最短长度为 6 米（20 英尺）。每隔 23 米（75 英尺）设置一处清洗口，最低限度是在地下排水管末端设置一处清洗口。

此外，应将清洗口设置在弯曲管道的上游，其他清洗口均匀分布于平直管道之上。与其他水文作业相比，渗水措施更为可取。因此雨洪管理措施的设计需尽可能满足雨水渗透的需要。如前所述，如果土壤渗透率高于 6.3 毫米（0.25 英尺）每小时或与之持平且雨洪管理措施可在 72 小时或更短的时间内排干径流，雨洪管理措施的渗水效果便可优于暗渠。

3.1.5.2 建筑物或建筑结构附近的渗透性

必须与邻近建筑物或建筑结构保持足够距离以避免地下室被淹或建筑物损坏。通常情况下，绿色雨洪基础设施渗水措施与建筑物或建筑结构之间的最短距离为 3 米（10 英尺）。设计师需要对已有绿色雨洪基础设施可能引发的结构问题进行评估。潮湿的地下室会给建筑物本身带来影响，因此需要考虑临近地下室的深度。假定 1 ： 1 向下扩展，雨洪管理措施的设置可将地下室置于渗水区域外。对于其他存在渗水隐患的区域，设计工程师必须与有着丰富经验的岩土工程师一同对这些隐患进行评估。工程顾问必须出示由岩土工程师签字盖章的材料以证明既定设计的合理性。工程顾问还应该对可能存在的结构问题进行再次评估，对于雨洪基础设施与临近建筑结构之间距离已经超过 3 米（10 英尺）的隐患区域，也要再次评估。设计工程师负责确认并处理这些隐患。

3.1.5.3 滞留、缓释系统的设计须知

绿色雨洪基础设施的最大释放率为 1.4 升（0.05 立方英尺）每秒。绿色雨洪管理措施滞留系统所用的量孔控制结构的最小直径为 1.3 厘米（0.5 英寸）。

下面是绿色雨洪管理措施滞留系统的设计过程：

- 确定量孔控制结构的直径大小，以便将排水区域的释放率控制在 1.4 升（0.05 立方英尺）每秒。

- 根据系统几何学原理，对控制量孔的水位流量关系进行评估。

- 将量孔直径调低至 0.325 厘米（0.125 英寸）。

- 确保在 72 小时内排干存水。

3.1.5.4 入口选择与定位

雨水径流通常是通过洼水预处理系统（被称为绿色水湾）、沟槽排水管线、路边排水井等多个进水口流入绿色雨洪管理措施。有时，雨水径流也会通过地表水流流入绿色雨洪管理措施。

下文所述的“雨水进水口”指的是雨水径流流入绿色雨洪管理措施的多种方式，其中包括绿色水湾、沟槽排水管线和路边排水井。雨水进水口应尽可能设置在已有洼水预处理系统的上游，以便最大限度地拦截雨水径流，缩短雨水径流绕行的距离。即便是雨水进水口位于污水坑内或是雨水进水口的设置对街道排水系统造成影响，也不可使无法流入雨水进水口的径流泛滥于车道或人行道，造成安全隐患。

绿色雨洪管理措施的雨水进水口必须经受得住洪峰期的考验；如需了解更多的信息，请参考绿色雨洪基础设施设计要求及指导。

3.1.5.5 碎石过滤层

所有地下措施必须统一采用梯度碎石过滤层。

3.1.5.6 侵蚀与沉淀控制

侵蚀与沉淀控制措施的实施及维护可将侵蚀与沉淀加速的可能性降到最低，而这些措施及维护的有效范围不超过 464 平方米（5,000 平方英尺）。设计师需为地表干扰范围超过该值或与之持平的区域拟定一份书面的侵蚀与沉淀控制规划。

3.2 公共绿道的选址

3.2.1 道路通行优先权下的绿色雨洪基础设施选址

采用道路通行优先权的道路约占合流排水系统防渗水区域的 38%。道路通行优先权区域内的防渗水区域有固定的用途。下面将对这些区域进行详细阐述。

- 车道：用于机动车和自行车的通行。

芝加哥大学 58 号西街街道景观 © site design group, ltd.

• 路边：邻近车道的区域，车道与其他区域之间的缓冲地带；路边可作路肩和路内停车区使用。

• 装饰区：路边与人行道之间的区域，设有树木、引导标识、照明、街景装饰等设计要素。

• 人行道：行人步行区。

参照图 3-2 道路通行优先权下的雨洪管理措施布局平面图。融入道路建设的绿色雨洪基础设施可以帮助界定道路区域。绿色雨洪基础设施是一种具体的实践形式，比如雨水收集植物池或雨洪树槽。

“系统”指的是多个相连的雨洪管理措施或与其他雨水存储系统相连的单个雨洪管理措施。绿色雨洪基础设施及其系统可使实体环境更为系统化，同时，基础设施的使用对象可通过设计要素及固定区域内设施的合理使用进行确定。

如上所述，本书将呈现五种可在道路通行优先权下开展的雨洪管理措施，其中两种正处于测试阶段，并将成为极具代表性的雨洪管理措施。

参照图 3-2 道路通行优先权下的雨洪管理措施布局平面图。需要注意的是，这些雨洪管理措施只是绿色雨洪基础设施中的一部分，设计师可根据具体需求及具体环境实行其他措施。本书中并未提及雨水公园、湿地公园等雨洪管理措施。

3.2.2 绿色街道应用选址策略

3.2.2.1 确定现有条件下可以应用绿色雨洪基础设施的潜在街道

获取相关的地点信息：

• 确定街道的纵向坡度及横向坡度。

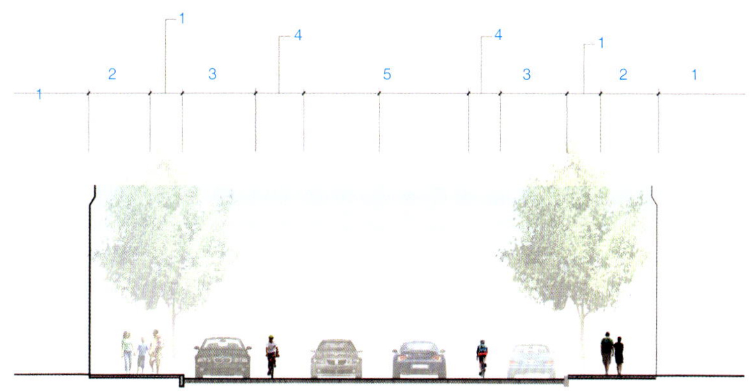

1. 建筑 / 装饰区域
2. 人行道
3. 路边管理区域
4. 自行车道
5. 车道（包括过境专用车道和自行车道）

图 3-1：完整的道路区域组成

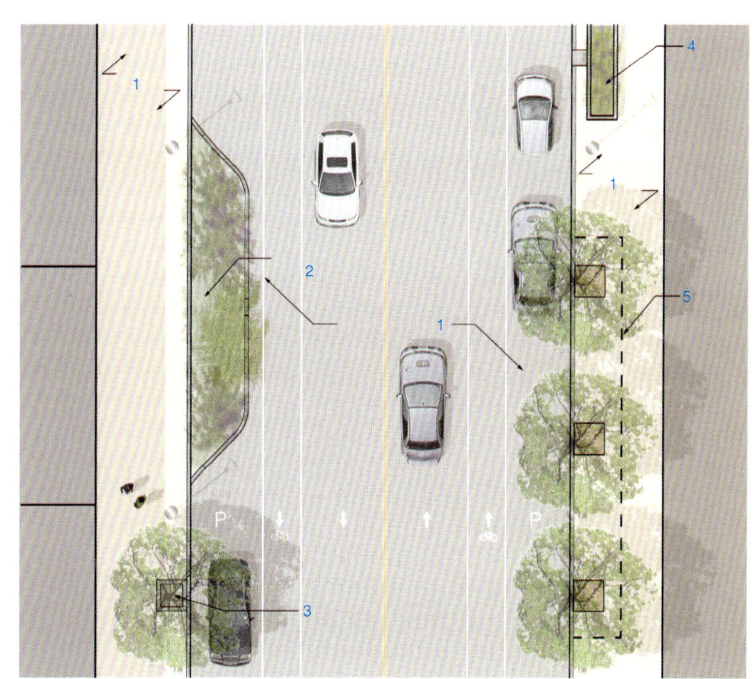

1. 渗水路面
2. 雨洪路缘扩展
3. 雨洪树木
4. 雨水收集植物池
5. 雨洪树槽

图 3-2：道路通行优先权下的雨洪管理措施布局平面图

• 定位系统使排水区域最大化 。

• 避免与地下管线和高架电线发生冲突。

• 考虑雨洪管理措施的初选参数。

3.2.2.2 确定街道类型

采用现场勘测、地理资讯系统（GIS）、空中拍摄、现场拍摄等手段：

• 确定街道类型 。

• 确定行人的街道使用情况。

• 确定建筑物与装饰物的占地面积。

• 确定骑车者的街道使用情况。

• 确定路边管理区域。

• 确定车辆的街道使用情况 。

3.2.2.3 选择最佳的绿色雨洪管理措施和系统

• 根据本章提到的选址策略，选择最佳的绿色雨洪管理措施和系统。

• 设计过程中，设计师需在其他绿色雨洪管理措施和系统方案中选择备选方案以防出现无法预料的问题，致使之前的方案无法开展。

3.2.3 技术设计中的注意事项

在进行绿色雨洪管理措施设计时，必须对所有可用的技术设计进行评估。这一评估会对最佳的绿色雨洪管理措施及其地点的选择产生影响。技术设计要素包括如下步骤：

• 参照相关策略为既定地点选择最佳的绿色雨洪管理措施。

• 使排水区域最大化的同时，确定绿色雨洪基础设施的可用空间。

• 使用地点导航和测量信息，规划出选定绿色雨洪基础设施系统内每个雨洪管理措施排水区域的具体轮廓。

• 根据绿色雨洪基础设施设计要求进行渗水测试。

• 根据防渗水区域的最大承载比决定每个雨洪管理措施所需的占地面积。

• 计算出每个雨洪管理措施的存储量以处理来自防渗水区域2.5厘米（1 英尺）或更多的径流。

• 在地表设置存储区域。

• 在没有存储能力的部分或全部地表设置地下存储区域。

• 设计进水口充分拦截既定量的径流。

• 定位带有暗渠的管网系统，将拟建结构接入暗渠，使径流流入已有的暗渠。

3.2.3.1 土壤条件

在设计绿色雨洪管理措施和系统的过程中，设计师可能会遇到下面的情况：土壤渗水速度过慢或过快、环境污染、水位点过高、基岩或是其他阻碍渗水的情况。

3.2.3.2 陡峭地势

约有 5% 的陡坡给道路通行优先权下的绿色雨洪管理措施和系统的设置带来挑战：

• 雨洪渗水措施的底层要平坦。在陡坡上设置底层平坦的雨洪管理措施需要额外的空间和材料来处理既定的雨水径流量。雨洪管理措施中拦砂坝阶地的设计是一种非常重要的设计策略，该设计在缩减空间和材料的同时，保持雨洪管理措施的底层平坦。

• 流入绿色雨洪管理措施和系统的大量径流会腐蚀系统内的进水口。工程师需要设计雨洪管理措施进水口，消散能量，防止腐蚀情况的出现。多个能量消散区域的设计可以保证进水口正常使用。

• 沿街流淌的大量径流可能会绕过雨洪管理措施进水口。工程师需要设计可以拦截既定径流量的进水口。通过设置有效大小的进水口，在进水口前方设置道路斜坡、水槽等形式的浅洼地，拦截径流。

3.2.3.3 公共设施周边设计

绿色雨洪管理措施附近多建有公共设施。高架电线会破坏雨洪管理措施中的树木，因此需要根据成熟树木的高度及高架电线的位置选择合适的树木。设计师需要注意的是，公共设施的图纸及现场标记并不准确。

雨洪管理措施修建期间，设计师需要对公共设施的实际地点和规模进行确定，需要根据受到影响的公共设施做出必要的现场调整。施工图纸上需注明，如遇未预料到的公共设施或环境，承包商需停止施工并联系相关当事人。雨水渗透对公共设施的影响导致在公共设施附近设置绿色雨洪管理措施时需要对下述情况进行考虑：

• 建议将邻近公共设施的绿色雨洪管理措施的位置横向缩进至少 60 厘米（2 英尺）。这种缩进方式同样适用于已有的照明设备、电线杆及地下管线。

• 如果绿色雨洪管理措施下面设有公共设施，渗入的雨水可能会直接流入公共设施内的垫底材料而不是按计划渗入已有的土质路基。可将土工膜等防渗水材料铺设在绿色雨洪管理措施底部，以防上述情况的发生。

• 如果公共设施横穿绿色雨洪管理措施，可由公共措施所有人决定施工区域的缩进范围。所有人可选择在公共设施外围堆砌混凝土、移动公共设施，或者要求将公共设施撤出施工渗水区。其他可以横穿雨洪管理措施的公共设施必须套上管套。公共设施的进出位置一定要使用防渗辊环等防渗措施。

• 雨洪管理措施的布局将会使得检修工人无法轻易接近已埋设在雨洪管理措施下的公共设施。未来对公共设施的更换或维修都可能干扰雨洪管理措施的运行，不仅增加工程成本，还可能损坏雨洪管理措施。因此，要尽最大可能避免将雨洪管理措施置于公共设施之上或避免公共设施横穿雨洪管理措施。设计师需与水务部门及相关公共设施所有人进行协调以明确具体的工程要求。设计师还需注意的是，实际操作过程中，公共设施可能对设计师提出不同的或者更为严格的要求。

3.2.3.4 设施养护

设计绿色雨洪基础设施系统时，设计师需要考虑设施的长期维护需求。设计师需要特别留意进水口及流量控制装置、观测井的布置，以及设备维护接入点的潜在位置。

3.2.4 选址实例

本章记述了五个绿色雨洪管理措施选址实例：地方街道、城市街坊、低密度住宅区、两个城市干道实例。需要注意的是，本章无法将一种适用于所有街道类型的最为理想的设计形式呈现出来，只是选取五个实例进行分别阐述。

3.2.4.1 狭窄的地方街道

在对路段进行评估时，需要特别留意下列特征：

• 住宅区内狭窄的街道。

• 设有单侧停车道和人行道的单行道。

• 街道停车中的高需求量。

• 统一的人行道横向坡度；道路中间高于两侧路肩。

• 街角处已有的进水口。

• 街道右侧的行道树；街道左侧无植被或树荫。

• 住宅前的平台和台阶。

• 车辆和行人交通流量小。

设有绿色雨洪基础设施的街道需要注意以下几点：

• 此种街道类型是铺设渗水路面的理想位置。

• 如果车辆转向允许，可将路缘扩展设置在街角处。受街道宽度条件和停车需求量的影响，无法选用路段中部进行路缘扩展。

• 由于人行道较为狭窄，雨洪树槽、雨洪树木及雨水收集植物池等措施无法实施。为了不改变已有步行区域的位置，需要缩减种植区域的宽度。

3.2.4.2 城市街坊

在对路段进行评估时，需要特别留意下列特征：

• 混合型住宅商业区内的城市街坊。

• 设有双侧停车道和人行道的单行道。

• 街道停车高需求量。

图 3-3: 渗水路面

图 3-4: 街角处路缘扩展

图 3-5: 雨洪树木

图 3-6: 雨洪树槽

• 统一的人行道横向坡度；道路中间高于两侧路肩。

• 街角处已有的进水口。

• 街道一侧无植被或树荫

• 车辆和行人交通流量小或适中。

见表 2-3：雨洪管理措施适用性模型。设有绿色雨洪基础设施的街道需要注意以下几点：

• 如果车辆转向允许，可将路缘扩展设置在街角处。受街道宽度条件和停车需求量的影响，无法选用路段中部进行路缘扩展。

• 如对公共设施的干扰不大，可以选用雨洪树槽。

• 配有公共设施横向排水沟的街道适合选用雨洪树木。

• 如需更多的街景装饰，可以选用雨水收集植物池。

• 可以考虑选用渗水路面。

3.2.4.3 低密度住宅区街道

在对路段进行评估时，需要特别留意下列特征：

• 住宅区内的低密度住宅区街道。

• 设有双侧停车道和人行道的单行道。

• 街道停车中高需求量。

• 统一的人行道横向坡度；道路中间高于两侧路肩。

• 街角处已有的进水口。

• 街道两侧的大树。

• 建筑物后缩；无街景装饰。

• 车辆交通流量适中；行人交通流量小。

见表 2-3：雨洪管理措施适用性模型。设有绿色雨洪基础设施的街道需要注意以下几点：

• 如果车辆转向允许，可将路缘扩展设置在街角处。如果停车需求量允许，可选用路段中路缘扩展。

• 如果空间条件允许，可选用雨洪树槽。

• 对于无法选用雨洪树槽的区域，可选用雨洪树木。

• 需要足够宽度的人行道来布置雨洪管理措施。

• 可以考虑选用渗水路面。停车道或人行道的渗水层可为已有树木的根系供水。

在对路段进行评估时，需要特别留意下列特征：

• 混合型住宅商业区内的城市干道。

• 设有双侧停车道、自行车道和人行道的双行道。

• 街道停车的高需求量。

• 统一的人行道横向坡度；道路中间高于两侧路肩。

• 街角处已有的进水口。

• 街道右侧的树木；街道左侧无植被或树荫。

• 小型街景装饰。

• 车辆和行人交通流量适中或大。

设有绿色雨洪基础设施的街道需要注意以下几点：

• 宽敞的街道易于车辆转向，因此此种街道类型是设置街角处路缘扩展的理想位置。街角处路缘扩展可以增进步行体验，行人过马路时更为安全。在街道宽度条件和停车需求量允许的情况下，可选用路段中部进行路缘扩展。

• 如对公共设施的干扰不大，可以选用雨洪树槽。

• 配有公共设施横向排水沟的街道适合选用雨洪树木。

• 如需更多的街景装饰，可以选用雨水收集植物池。

• 需要足够宽度的人行道来布置雨洪管理措施。

• 渗水路面仅适用于自行车道、停车道或人行道。

3.3 道路设计标准与雨洪管理措施的应用

3.3.1 完整街道构成概述

本书中介绍了 6 种完整街道构成类型：人行道构成（3.3.3）、建筑及装饰构成（3.3.4）、自行车道构成（3.3.5）、路边管理构成（3.3.6）、车辆道路构成（3.3.7）、十字路口构成（3.3.8）。

图 3-7 对在道路通行优先权下每种街道构成类型的大概位置进行了说明。这些街道构成类型可被用于辨识不同项目类型和不同街道类型的设计方式。

本章用一至两页的篇幅对每种街道构成的设计原理、相关政策、责任对象及更多的信息资源做出了说明。接下来将对每种街道构成单元进行系统的阐述。

3.3.2 设计处理概述

沿途的街景设计连贯，汽车司机、骑车者及行人易于理解，各道路类型之间过渡自然。 可根据各道路的不同使用情况，选取适合的措施，鼓励良好的交通行为，并对多种道路类型的不同使用环境进行说明。

良好的街道设计可以协调街道的多重功能，为出行活动、社会活动、文化活动、商务贸易及雨洪管理提供场所。市区还需尽可能地对街道改建项目进行调整。如此便可提高工程实施效率、降低工程造价、减少工程中断问题、保证街道设计的衔接性。本书将在下文对适用于多种街道类型的完整街道设计进行具体阐述。

本节已根据完整街道构成类型对文中论述的设计方式进行分类。例如，自行车道对应自行车道构成设计；自行车等候区和信号灯对应十字路口构成设计；自行车停放处对应建筑及装饰构成设计；路内自行车停放处对应路边管理构成设计。书中的设计指导符合地方和国家标准及相关法律，并为完整街道设计提供具体的理论参考。不少街道设计已经采用了路边扩展、安全岛等形式，本书也对这些形式进行了多次强调。

3.3.3 人行道构成

人行道指的是路边和邻街建筑之间的有效面积，也被称作“路侧净区”或“步行区”。

3.3.3.1 人行道

具备多种公共职能的人行道可为行人营造舒适的步行环境，为景观绿化基础设施、照明设施、座椅设施及商业活动提供有效而方便的公共空间。为了有效平衡便利设施的空间需求和行人安全出行的需求，必须对人行道进行系统规划。整个规划将涉及地界线到路边的一系列步行区域：

• 建筑区——地界线与人行道之间的过渡区，这一区域设有遮阳篷、楼梯、店面展示等其他占用人行道的建筑元素。

• 步行区——行人步行的开阔区域。

• 装饰区——用于街道装饰、树木及景观规划、公交站点、照明设施、消防栓等装饰的部分步行区域。上述区域适用于本书中的两种街道构成类型：建筑及装饰构成和人行道构成。

人行道宽度

人行道总宽度指的是地界线到路边之间的距离。狭窄的人行道无法为行人提供方便、安全的步行区域。宽阔的人行道可为行人、景观设施，以及便利设施提供足够空间，而景观设施和便利设施的设置可为街景和步行环境添色。

应用

• 需要根据当地的地形条件决定人行道的最小宽度。

注意事项

以下区域可优先采用宽阔的人行道：

• 高流量人行道。

• 街道装饰区或景观设施区。

• 公交站点。

• 设有店面、商贩摊位和举办商业活动的街边咖啡馆。

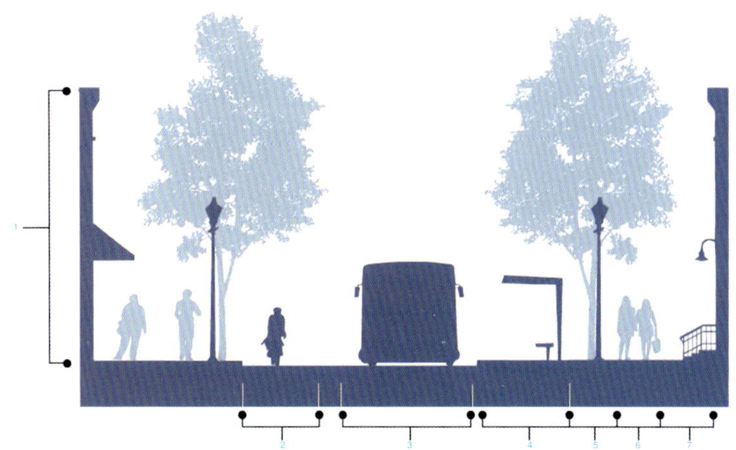

1. 城市设计要素
2. 自行车道构成
3. 车辆道路构成
4. 路边管理构成
5. 建筑及装饰构成
6. 人行道构成
7. 建筑及装饰构成

图 3-7: 完整街道构成

图 3-8: 人行道区

• 礼仪用道。

• 建有高层建筑的区域。

• 车流量大或车速快的区域。

向两边延展的植物带将“带状人行道”与车行道隔离开来，“带状人行道”多适用于住宅区。宽阔的人行道适用于任何区域。城市规划已对人行道的宽度做出了明确的规定，勘测师委员会负责对道路进行维护。本书中提到的人行道宽度与具体城市规划中的人行道宽度有所不同。因此，书中提及的参数不可被用到具体的城市规划中。

设计

• 通常情况下，道路两侧均应设置人行道。

• 人行道的设置必须达到无障碍路径的最低要求，方便轮椅使用者过道或转向。

绿色街道

• 植物植栽区和雨洪管理区也应被包含在人行道的设置内。

• 考虑采用渗水路面。

作用与职责

• 产权所有人负责对建筑物附近的人行道进行维护和维修。

• 也可由街道管理部门负责铺设或维修人行道，并向产权所有人索取 30% 的维护和维修费用。

• 通常情况下，指定的街景项目便可改善人行道设施。目前还未设置人行道维修专用资金。

图 3-9: 人行道

表 3-1: 费城人行道功能分类

街道类型	人行道总宽度	装饰区	步行区	建筑区
高流量人行道	≥4.9m（16'）	≥1.2m（4'）	≥2.4m（8'）	无最小值
礼仪用道	≥6.1m（20'）	≥1.5m（5'）	≥1.5m（10'）	无最小值
适于步行的商业走廊	≥3.7m（12'）	≥1.2m（4'）	≥1.8m（6'）	无最小值
城市干道	≥3.7m（12'）	≥1.2m（4'）	≥1.8m（6'）	无最小值
以机动车为主的商业工业用道	≥3.7m（12'）	≥1.5m（5'）	≥1.8m（6''）	无最小值
公园道路	≥2.4m（8'）	≥0.9m（3'）	≥1.5m（5'）	≥1.0m（3'）
景观道路	≥2.7m（9'）	≥0.9m（3'）	≥1.8m（6'）	≥1.0m（3'）
城市街坊	≥3.7m（12'）	≥1.2m（4'）	≥1.8m（6'）	无最小值
低密度住宅区	≥3.0m（10'）	≥1.1m（3.5'）	≥1.5m（5'）	建筑后缩
窄路共用	-	无最小值	≥1.5m（5'）	无最小值
局部路段	≥3.0m（10'）	≥1.1m（3.5'）	≥1.5m（5'）	无最小值

步行区宽度

步行区指的是行人可以无障碍行走的开阔区域。行人的数量决定了步行区域的宽度。所有人行道必须设置至少 1.5 米（5 英尺）宽的区域供轮椅通行。

应用

• 需要根据当地的地形条件决定人行道的最小宽度。

注意事项

• 行人无附带通行平均需要 76 厘米（2.5 英尺）宽的距离。

• 两个人肩并肩行走需要 1.5 米（5 英尺）宽的距离，如果途中偶遇另一个人，且不排成一列行走，则需 2.4 米（8 英尺）宽的距离才能顺利通过。

• 靠近墙面、障碍物或路边行走的行人还需额外的“规避空间”。

设计

步行区的最小宽度：

• 将人流量低的步行区（比如局部路段或住宅区）的宽度设置为 1.5 米（5 英尺）。

• 将人流量较高的步行区（比如商业走廊或连栋住宅）的宽度设置为 1.8 米（6 英尺）或人行道总宽度的一半。

• 将具有象征性意义的用道或礼仪用道的步行区的宽度设置为 3 米（10 英尺）或人行道总宽度的一半。

• 人流量不高的步行区或礼仪用道可能存在例外情况。

• 占用步行区域的树坑或围栏的宽度不得超过 60 厘米（2 英尺），长度不得超过 1.5 米（5 英尺），间距不得超过 9.1 米（30 英尺）。

多数街道类型的人行道最小宽度为 3.6 米（12 英尺），步行的商业走廊也是如此

局部路段的人行道最小宽度为 3 米（10 英尺）

• 占用步行区域的雨水收集植物池的宽度不得超过 60 厘米（2 英尺），长度不得超过 3 米（10 英尺），间距不得超过 9.1 米（30 英尺）。

• 占用步行区域的公交候车亭的宽度不得超过 60 厘米（2 英尺）。

• 该区域不包含通风格栅和井盖。

绿色街道

• 考虑使用先前的路面作用与职责

• 产权所有人负责对建筑物附近的人行道进行维护和维修。

• 也可由街道管理部门负责铺设或维修人行道，并向产权所有人索取 30% 的维护和维修费用。

• 树木围栏也在维修范围之内。

路边斜坡

路边斜坡可以在指定区域帮助有特殊需要的行人安全过街。

应用

• 路边斜坡适用于所有街道类型。

• 街道的发展、街道的重建或变更需要使用路边斜坡。

注意事项

• 有人行横道标志的位置均应设置路边斜坡，因此路边斜坡位于人行横道标志的扩展区域内。

• 路边斜坡应设置在 T 型十字路口处的顶端，即使那里不是街角。

设计

• 城市道路规划指导规定所有的人行横道均应设置路边斜坡。

• 斜坡表面必须具有警示功能。警示带的颜色应与周边道路形成鲜明对比。

• 路边斜坡应与行人的出行方向一致，这样可以帮助盲人辨识方向。

两个人肩并肩行走需要 1.5 米（5 英尺）宽的步行空间

需为照明设施及其他装饰设施提供足够的空间，该区域不包含通风格栅和井盖

绿色街道

• 考虑采用雨洪路缘扩展。

行人优先街道

行人优先街道（也叫共享街道）指的是行人、骑车者及低速车辆共享的狭窄街道或小巷。这种类型的街道在为行人提供高质量步行环境的同时，允许自行车和地方车辆低速行进。

应用

• 这种类型的街道通常适用于需要车辆减速的狭窄街道或局部路段。

• 这种类型的街道最适用于人流量高、车流量低的道路，同时可以配合周边土地的使用，是行人的主要去处。

• 这种类型的街道不适用于指定的运输路线、应急路线或是车流量高的道路。

注意事项

• 一般情况下，道路使用者需要就道路通行优先权进行协商，而不是依赖于交通管制。

• 这种类型的街道允许行人在街面上行走，可以缓解狭窄街道人行道拥堵的情况。

• 为方便行人出行，可以暂时或永久地封闭车道。

设计

• 这种类型的街道可以为高密度的住宅区提供额外的公共空间。

• 对于宽度超过 4.5 米（15 英尺）的道路，需要划分出专门的步行区和同时设有人行道、景观设施或其他便利设施共享区。宽度小于 4.5 米（15 英尺）的道路，不需要进行具体的划分。

• 共享道路需利用交通管制、车辆减速等策略减少车流量和人流量；强调行人优先街道的独特性并对交通进行管制提高行人优先街道的通行标准，将行人优先车道变为人行道设置限速标识，引导车辆避让行人；标识的设计需要反映出行人优先街道的独特性。

• 使用特殊的铺路材料以展现街道的独特功能；形成鲜明的视觉对比。

• 这种类型的街道可能不存在路边设置，但可为行人、骑车者及低速行驶车辆提供一侧通道。如果条件允许，需对街道排水设施进行设计改造，使雨水流向街道中央或在街道设置雨洪排水措施。

绿色街道

• 可以使用先前的渗水路面、雨洪树槽或雨水收集植物池。

作用与职责

• 需要对行人优先街道进行特别维护。

• 可由街道管理部门对行人优先街道进行维护。

• 社会组织或其他团体也需要参与行人优先街道的规划和管理。

节日用道

节日用道指的是可为行人、骑车者及低速行驶车辆提供单侧通道的街道。这种类型的街道允许自行车和地方车辆低速行进，社会活动或节日期间除外。

应用

• 这种类型的街道适用于需要车辆减速行驶的双行线道路。

• 这种类型的街道适用于人流量高、车流量低的道路，同时可以配合周边土地的使用，是行人的主要去处，同时还需增设人行横道。

• 社会活动或节日期间，行人、服务车辆和自行车辆不得使用节日用道；其他时间，行人、服务车辆和自行车辆与机动车辆共用节日用道；行人优先通行。

注意事项

• 一般情况下，道路使用者需要就道路通行优先权进行协商，而不是依赖于交通管制。

• 需要将盲人的出行情况考虑在内，确保盲人安全通行。这种类型的街道允许行人在街面上行走，可以缓解狭窄街道人行道拥堵的情况。

• 为方便行人出行，可以暂时或永久地封闭车道。

设计

• 这种类型的街道一般不存在路边设置，但可为行人、骑车者及低速行驶车辆提供单侧通道。

• 城市步行区通行规范指南必须对可用道路进行具体说明。

• 设置路界护柱将步行区和行人车辆共享区隔离开来。

• 设置行人座椅、景观设施、路旁泊车点、路边照明设施、店面展示、咖啡屋座椅等行人便利设施。

• 这种类型的街道可以为高密度的住宅区提供额外的公共空间。

• 对于宽度超过 4.5 米（15 英尺）的道路，需要划分出专门的步行区并同时设有人行道、景观设施或其他便利设施共享区。宽度小于 4.5 米（15 英尺）的道路，不需要进行具体的划分。

• 共享道路需利用交通管制、车辆减速等策略减少车流量和人流量：设置植物池、路界护柱或其他设施，缩小节日用道的入口；强调节日用道的独特性并对交通进行管制，将节日用道的高度提升至邻近人行道的高度设置限速标识，引导车辆避让行人；标识的设计需要反映出行人优先街道的独特性设置景观设施、停车场或其他设施，为车辆提供减速弯道。

绿色街道

• 需对街道排水设施进行设计改造，使雨水流向街道中央或在街道设置其他的雨洪排水措施。

• 可以使用先前的渗水路面、雨水收集植物池或其他绿色雨洪管理基础设施。由于缺少路边设置，还需对街道排水设施或集水池进行重新设计或布置。

缓坡上必须设有明显色彩警示条

3.3.4 建筑及装饰构成

占用人行道的街道设施、建筑功能分区要素和占用人行道的商业活动设施（比如街头咖啡屋）统称为建筑及装饰构成。装饰及建筑功能分区元素的两大主要用途是减少道路交通对行人的影响，为行人提供便利设施的同时美化街道。

基本原则

- 装饰要素、商业活动设施及建筑功能分区要素的设置可以美化步行环境。

- 留出足够的步行区域以方便行人通行。装饰及建筑功能分区元素的设置不得危害行人安全。

- 建筑、装饰及景观设施的设置不得阻碍十字路口行人的视线，以免危害行人安全。

- 装饰区尽可能采用绿色基础设施。

- 装饰设施的设置需要考虑公共设施的位置及可能出现的复杂情况。

作用及职责

- 城市规划委员会负责审核道路侵占情况，并对分区内的规定区域进行外观检查。

- 分区调节委员会必须听取所有意见诉求，但无权进行具体的行政部署。

- 地方水务部门负责审核雨洪基础设施的设计。

3.3.4.1 建筑带

建筑带指的是邻近建筑、墙体、地界线围墙或低密度住宅区草坪的人行道区域。建筑带包含台阶、飘窗、植物池、街头咖啡屋等建筑功能分区要素。这些要素在美化步行环境的同时，会使步行区域更为狭窄，导致出行更为不便。

基本原则

- 装饰要素、商业活动设施及建筑功能分区要素的设置可以美化步行环境。

- 留出足够的步行区域以方便行人通行。装饰及建筑功能分区元素的设置不得危害行人安全。

- 建筑、装饰及景观设施的设置不得阻碍十字路口行人的视线，以免危害行人安全。

- 装饰区尽可能采用绿色基础设施。

- 装饰设施的设置需要考虑公共设施的位置及可能出现的复杂情况。

作用与职责

- 城市规划委员会负责审核道路侵占情况，并对分区内的规定区域进行外观检查。

- 分区调节委员会必须听取所有意见诉求，但无权进行具体的行政部署。

- 不符合地方性法规的街道变更必须经市政部门批准。

• 产权所有人或地方合作单位必须获得地方政府的批准并与街道管理部门签订维护协议，以获得其对树木、长椅、照明等装饰设施设置的批准。

• 地方水务部门负责审核雨洪基础设施的设计。

3.3.4.2 装饰带

装饰带指的是步行区与路边之间的人行道区域。装饰带可以减少道路交通对行人的影响，并为植物池、街道装饰及其他便利设施提供空间。这些要素在美化步行环境的同时，使得步行区域更为狭窄，行人出行更为不便。

应用

• 适用于各种街道类型的装饰带的最小宽度已经确定。

• 装饰带内可能设置露天咖啡屋桌椅等临时性可移动设施，由于某些街道可能不设置装饰带，计算装饰带的最小宽度时，需要特别留意。

注意事项

• 装饰带可以美化步行环境，但应为行人留出足够的区域行走。

• 可在装饰带设置绿色基础设施。

• 邻近土地的使用、交通流量及路旁泊车情况决定了装饰带的价值。

• 装饰带的设置不得阻碍十字路口行人的视线。

• 装饰设施的设置需要考虑公共设施的位置及可能出现的复杂情况。

图 3-10: 建筑区

人行道的咖啡馆必须为行人预留足够空间

遮阳棚、楼梯、加热或降温和其他建筑元素有可能成为行人的障碍物

设计

• 留出至少 90 厘米（3 英尺）宽的区域设置消防栓、电线杆、路标等设施。

• 城市主干道需设置至少 1.5 米（5 英尺）宽的装饰带，以减少交通对行人的影响。

• 如无街道管理部门的批准，不得将树木、电线杆等障碍物建在距十字路口地段线 4.5 米（15 英尺）内的人行道上。

绿色街道

• 考虑使用先前的渗水路面、植物池、雨水收集植物池、树木或树坑。

作用与职责

• 如果产权所有人或地方合作单位已与街道管理部门签订维护协议并获得道路许可或委员会许可，便可在公共道路上设置树木、照明灯装饰设施。

• 街道管理部门审核道路侵占情况，并负责签发许可。

• 多数居民区内的装饰带由植树带组成。

3.3.4.3 自行车停放处

应用

• 自行车停放处适用于所有街道类型。

• 绝大多数的新开发区域需要设置自行车停放处，公共道路不需要设置自行车停放处。

注意事项

• 自行车停放处需要为自行车的停放提供足够的空间，以防占用人行道或者妨碍人们安全进出附近的建筑。

• 在需求较高的区域，提供更多的自行车停放处。

• 可以采用自行车棚，并根据自行车停放处和公交站点设计指南对车棚进行设计。

台阶是人行道上常见的建筑物延伸元素

建筑位置后移需与街道空间相协调，因为街面美化（例如人行道咖啡馆）不妨碍人行道宽度

设计

• 所有设在建筑外的自行车停放处必须设置在建筑正门 15.2 米（50 英尺）以内的区域，除非这种设计方式与另一指定的停放处发生冲突。

• 停放架必须为自行车的停放提供两个支撑点，为防止自行车翻倒在地，可将车轮与停放架锁在一起。

• 如果可以，自行车停放设施需要配备安全锁。

• 自行车停车架与路边之间的最短距离为 45.7 厘米（18 英寸）；如果装饰带内设有电线杆或其他设施，自行车停车架与路边之间的最短距离为 90 厘米（3 英尺）；自行车停放架与出租车乘降站、电线杆、树槽、植物池、消防栓之间最短距离为 1.8 米（6 英尺）；如果两个自行车停放架均与路边平行而置，它们之间的最短距离为 1.5 米（5 英尺）；自行车停车架与建筑正门之间的最短距离为 1.5 米（5 英尺）；自行车停车架与人行横道之间的最短距离为 1.8 米（6 英尺）；自行车停车架与公交站点之间的最短距离为 9 米（30 英尺）；客车站之间的最短距离为 15 米（50 英尺）。

3.3.4.4 照明

街道照明设施可增加行人和骑车者的能见距离，从而提升其过马路的舒适度和安全度。照明设施的设置可以起到威慑犯罪行为的作用，还可以促使更多的市民选择步行或骑自行车。人流量较高的街道、夜间使用频繁的街道（比如大学城或商业区）、行人自行车事故高发区，以及地形起伏的路段（比如车道转弯处或隧道）可以采用人行道照明设施补充或替代街道的标准照明设施。

应用

• 照明设施适用于各种街道类型。

• 人行道照明设施最适合设置在人流量较高的街道，或是礼仪用道、步行商业街及城市街坊。

注意事项

• 非高速公路的照明设施没有相应的行业标准。

与倒 U 形停车架或自行车 U 形站架不同，多数旧自行车停放架的构造不易于锁车

街道树木、植物池和绿色基础设施

• 需要考虑“光污染”，眩光及用电情况的影响。

• 应将照明设施设置在路口设施附近，以使过往车辆注意到路边的行人和骑车者。

• 照明设施的设计和安装要与相关的公共设施相协调。

• 电线杆的垂直间隙应保持在 2.4 米（8 英尺）宽，可用人行道的最小宽度保持不变。

设计

• 较为宽阔的街道可采用蛇头形路灯。

• 有行人照明需要的街道可以设置人行道路灯。

• 施工期间，由街道管理部门的街道照明工程师决定路灯的具体位置。

• 人行道路灯杆之间的标准距离为 18 米（60 英尺）。

绿色街道

• 考虑使用太阳能路灯。

装饰街灯的特点是每逢节日，社区居民便会将旗帜、装饰灯高挂于灯柱之上。旗帜可以改善邻里关系，为活动增添气氛，为历史古迹做宣传。所有旗帜的设置必须遵守相关的旗帜许可法规。

阅读相关的许可法规后，社会团体应该对如下问题有所了解：只能将旗帜挂于街灯之上，冬天不允许悬挂旗帜，遵守旗帜设计方面的相关法规等。旗帜下端距车行道路面的距离必须大于 4.9 米（16 英尺），距人行道路面的距离必须大于 2.4 米（8 英尺）。社会团体通常还会选用其他装饰物对街灯进行装饰。

3.3.4.5 长椅

在不妨碍道路通行的前提下，长椅是一种极为重要的便利设施，可为过往行人提供方便。

不同于倒 U 或者钉形自行车停靠点，许多老式的自行车停靠点不能轻松固定住自行车车身或轮子

由于独立的停靠仪表与智能仪表相连，仪表杆可作为自行车停靠点使用

应用

• 长椅设施适用于各种街道类型。

• 长椅设施最适合设置在人流量较高的街道，例如步行商业走廊、公交站点、广场及礼仪用道。

注意事项

• 长椅及街道装饰的设置必须保持步行区域的通畅，避免绊倒过往行人。

• 公交站点的长椅设施的设置不得妨碍乘客上下车及装卸轮椅设施。

• 商铺关门前，需要将没有被固定于人行道上的长椅搬进临近商铺内。

• 计时停车场、售票亭、交通岗哨亭都属于街道装饰设施，可能会出现在任何一处指定的街道装饰带内。

设计

• 没有关于道路长椅设施的城市设计标准。费尔蒙特公园内的长椅设计较为规范。

人行道照明灯

• 禁止在长椅设施上粘贴广告。

• 长椅设施的设置需经允许。

3.3.4.6 街道树木与树槽

街道树木指的是种植于公共道路上的树木，可以是一棵树木对应一个树坑或是多棵树木对应一个树槽。街道树木可以美化城市环境、为城市提供绿荫、过滤噪声污染和空气污染、吸收雨水径流。

应用

• 树木和树槽设施适用于各种街道类型。

注意事项

• 街道树木和树坑的设置必须保持步行区域的通畅。

• 需要采用树格栅、渗水铺砌材料和结构性土壤，以避免绊倒过往行人。

• 路段中路缘扩展区域的树木不得过于繁茂，以防止树木阻碍十字路口处的视线。

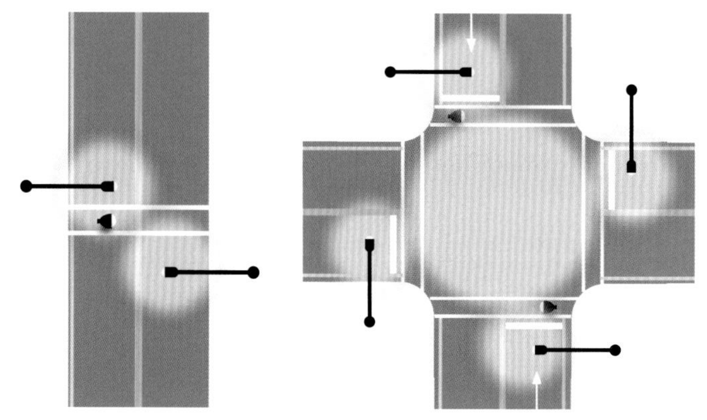

人行道照明优先布局

• 树木的布置及种类的选择需要考虑地上及地下公共设施的具体位置（例如高架线下不可选用枝叶繁茂的树木）。

• 不得将树木种植在台阶、门口或是胡同前。

• 树下不适合停放自行车，因此种植树木不能满足自行车停放的需求。

设计

• 树坑和树槽的尺寸取决于具体的场地条件。树坑的标准宽度为 1.8 米（6 英尺）；树坑的最小尺寸为 90 厘米乘以 90 厘米（3 英尺乘以 3 英尺）。

• 在不设停车道或自行车道的十字路口，应将街道树木设置在距十字路口道路 16.7 米（55 英尺）外的区域；在设置停车道或自行车道的十字路口，应将街道树木设置在距十字路口道路 19.8 米（65 英尺）外的区域或者距十字路口出口 10.6 米（35 英尺）外的区域。

3.3.4.7 植物池

植物池的设置美化了街道环境，不仅可以提供绿色空间、减少街道对人行道的影响，还可以吸收雨水径流。

• 植物池适用于各种街道类型。

注意事项

• 植物池的设置必须保持步行区域的通畅，避免绊倒过往行人。

• 可将植物池设置在路缘扩展区域和装饰区域。

• 植物池的设置需要考虑地下公共设施的具体位置。

• 植物池设计必须考虑公交站点的乘客及轮椅使用者。

设计

• 植物池的尺寸取决于具体的场地条件。植物带的标准宽度为 1.8 米（6 英尺）；植物池的最小宽度为 90 厘米（3 英尺）。

• 在不设停车道或自行车道的十字路口，应将植物池设置在距十字路口道路 16.7 米（55 英尺）外的区域；在设置停车道或自行车道的十字路口，应将街道树木设置在距十字路口道路 19.8 米（65 英尺）外的区域或者距十字路口出口 10.6 米（35 英尺）外的区域。

• 区域法规规定必须沿新城区的各个街区设置一条 90 厘米（3 英尺）长的植物带，但是道路法规没有对已有街道收集池的具体尺寸进行规定。

绿色街道

• 考虑使用雨水收集植物池。

作用与职责

• 街道植物池和雨水收集植物池的设置需经街道管理部门批准。

• 市区内植物池的设置需经市政部门批准。

• 市中心区域植物池的设置需经道路通行单位批准。

3.3.4.8 雨水收集植物池

雨水收集植物池指的是专门设置在人行道的植物池，植物池可以储存和渗透雨水径流。

应用

• 雨水收集植物池适用于各种街道类型。

注意事项

• 雨水收集植物池的设置必须保持步行区域的通畅，避免绊倒过往行人。

• 可将雨水收集植物池设置在路缘扩展区域和装饰区域。

• 雨水收集植物池的设置需要考虑地下公共设施的具体位置。

• 雨水收集植物池设计必须考虑公交站点的乘客及轮椅使用者。

设计

• 雨水收集植物池一般呈矩形，四边由混凝土砌成，并设有进水口，使雨水径流流入植物池。植物池内铺设有渗水结构、碎石及土壤，并种满植物或树木。植物池内土壤表面的高度低于人行道，以此为雨水径流提供存储空间。

• 植物池的尺寸取决于具体的场地条件。植物带的标准宽度为 1.8 米（6 英尺）；植物池的最小宽度为 90 厘米（3 英尺）。

作用与职责

• 地方水务部门和街道管理部门与社区合作设计雨水收集植物池。

• 街道植物池和雨水收集植物池的设置需经街道管理部门批准。

• 公共工程处负责对其所有的雨水收集植物池进行维护。

• 未经公共工程处批准而设置的雨水收集植物池由安装者负责管理和维护。

树沟可适合多种树木也可与地下过滤系统相连

植物池提供座位区也可以作为绿色基础设施

植物池的宽度应保证最小步行道宽度

3.3.4.9 报摊

报摊是用于售卖和展示报纸、杂志及期刊的固定结构。与自动售报机不同，报摊配备有一位服务人员。报摊可以为顾客提供方便的商业服务，但其设置必须为各种街道类型的步行活动留出足够的空间。

注意事项

• 报摊的设置应该考虑到顾客排队等候所需的空间和行人通行所需的空间。

设计

• 报摊等街面商业活动必须为行人留出至少 1.8 米（6 英尺）宽的步行区域。

• 人流量低的步行区，报摊的设置需为行人留出至少 1.5 米（5 英尺）宽的步行区域；礼仪用道的步行区，报摊的设置需为行人留出至少 3 米（10 英尺）宽的步行区域。多数街道需为行人留出 1.8 米（6 英尺）宽或人行道总宽度一半的步行区域。

• 街角处只能设置一处报摊。

• 十字路口或街区的一侧最多只能设置两处报摊。

作用与职责

• 街道管理部门道路通行单位负责审核并批准人行道的占用情况。

• 对报摊的设置许可进行检查。

雨水经过路缘进水口流入植物带

上图报摊看似提供足够过道，但对于等候的顾客还是不够宽

上图报摊不但为顾客也为行人提供了足够空间

3.3.4.10 商贩摊位

商贩指的是运载货物、销售商品或为购买者运送物品的移动的个人或车辆。商贩可以使用马车、手推车、汽车或移动摊位进行售卖。商贩摊位可以为顾客提供方便的商业服务，但其设置必须为各种街道类型的步行活动留出足够的空间。

注意事项

- 报摊的设置应该考虑到顾客排队等候所需的空间和行人通行所需的空间。

设计

- 市中心外的商贩摊位等街面商业活动必须为行人留出至少 1.8 米（6 英尺）宽的步行区域，市中心的商贩摊位等街面商业活动必须为行人留出至少 2 米（6.5 英尺）宽的步行区域。

- 人流量低的步行区，商贩摊位的设置需为行人留出至少 1.5 米（5 英尺）宽的步行区域；礼仪用道的步行区，商贩摊位的设置需为行人留出至少 3 米（10 英尺）宽的步行区域。多数街道需为行人留出 1.8 米（6 英尺）宽或人行道总宽度一半的步行区域。

不可在市中心随意设置商贩摊位：

- 应将商贩摊位设置在距地界线或报摊 3 米（10 英尺）以内的区域。

- 应将商贩摊位设置在距公交站牌 7.6 米（25 英尺）以内的区域。

- 商贩摊位距地铁进出口的距离为 3 米（10 英尺）。

- 应将商贩摊位设置在距建筑进出口、路段中人行横道、胡同或车道进出口 4.5 米（15 英尺）以内的区域。

- 应将商贩摊位设置在距路边 1.5 米（5 英尺）以内的区域。

- 应将市中心外的商贩摊位设置在“地界线交汇处”3 米（10 英尺）以外的区域。

3.3.4.11 建筑特色

建筑特色包括凸窗、遮阳蓬、帐篷、台阶、栏杆及其他延伸至人行道或公共道路的建筑要素。建筑特色可以提升街道的视觉趣味，但其设置必须为各种街道类型的步行活动留出足够的空间。

应用

- 建筑特色适用于各种街道类型。

- 建筑特色最常见于带有门廊和楼梯的联排式老旧住宅。

注意事项

- 很多联排式住宅区的楼梯和门廊的设置占用了人行道的空间。因此，需要特别留意这些区域行道树及其他装饰的设置，尽可能方便行人通行。

- 道路通行单位认为坡道也是台阶的一种，可以占用部分步行区域。

- 在人流量低的街道，坡道的设置需为行人留出至少 1.5 米（5 英尺）宽的步行区域；在礼仪用道的步行区，坡道的设置需为行人留出至少 3 米（10 英尺）宽的步行区域。多数街道需为行人留出 1.8 米（6 英尺）宽或人行道总宽度一半的步行区域。

设计

- 地方设计法规对凸窗、帐篷、遮阳蓬、台阶、栏杆等建筑特色的设置有明确的要求。

作用与职责

• 街道管理部门道路通行单位负责审核并批准人行道的占用情况。

• 城市规划委员会依据区域法规对建筑特色进行审核。

• 分区调节委员会必须听取所有意见诉求，但无权进行具体的行政部署。

• 市政部门负责对街道变更情况及对建筑物地界线设置标准的不同意见进行审批。

3.3.5 自行车道构成

自行车道构成指的是公共道路内的自行车道及其他设施，例如路面白线和路面标识。

基本原理

• 将自行车相关设施与当地的自行车及公交线网连接起来。

• 为住宅区、工作场所及其他地点提供便捷的自行车道。

• 需要根据当地的街道环境设计适合的自行车相关设施，选择最为舒适和安全的设计。

政策

自行车标识的设置需要依照交通控制设施手册的标准。

作用与职责

• 交通及公共设施市长办公室负责协调自行车线网的所有改造工程。

• 城市规划委员会负责制定自行车规划，对自行车线网改造与发展建议及区域规划进行整合。

• 街道管理部门负责建设和维护公共道路上的自行车相关设施，为道路自行车相关设施的所有人颁发许可。

3.3.5.1 常规自行车道

应用

• 双向干道、可容纳双向自行车道的宽阔街道及可容纳单向自行车道的街道可以考虑设置自行车道。

• 自行车道最适合设置在日均车流量超过 3,000 或车速大于等于 40 公里（25 英里）每小时的街道。

• 地方性高速公路以外的其他道路均可设置自行车道，整体自行车规划需要涵盖自行车道的设置问题。

注意事项

• 自行车道使骑车者免受机动车干扰，骑车者可以以合适的速度行进。

• 自行车道提升了骑车者的舒适度和自信心，提醒机动车司机不要忘记骑车者也有道路使用的权利。

• 与其他设置在路边的车道一样，自行车道可用于短时的装载活动，除非标识注明“不允许在任何时间停靠”。

• 在交通极为拥堵的区域，机动车可能会非法使用较为宽阔的自行车道。

设计

• 邻近路边泊车点或车速大于等于 48 公里（30 英里）每小时的自行车道至少为 1.5 米（5 英尺）宽，有条件的道路可以设置 1.8 米（6 英尺）宽的车道。

• 可使用 15.2 厘米至 20.3 厘米（6 英寸至 8 英寸）宽的白色实心车道标识将机动车道与自行车道隔离开来。

• 在允许机动车驶入自行车道的区域，例如右转弯车道或公交站点，自行车道标识应该为虚线。

• 使用自行车道用语或象征性标识帮助界定自行车道。

• 使用交通控制设施手册内的自行车道标识，也可以设计标识。

绿色街道

• 考虑使用先前的路面。

作用与职责

• 确保自行车道上没有坑洼、玻璃碎片及其他垃圾。

• 需要对自行车道及车道标识进行维护。

• 确保自行车道上没有积雪。

• 街道管理部门负责道路清扫及日常维护。

3.3.5.2 左侧自行车道

应用

• 左侧自行车道多见于单向行驶的道路。

图 3-11: 传统自行区

彩色铺装可以提高自行车或机动车冲突区域的可见性

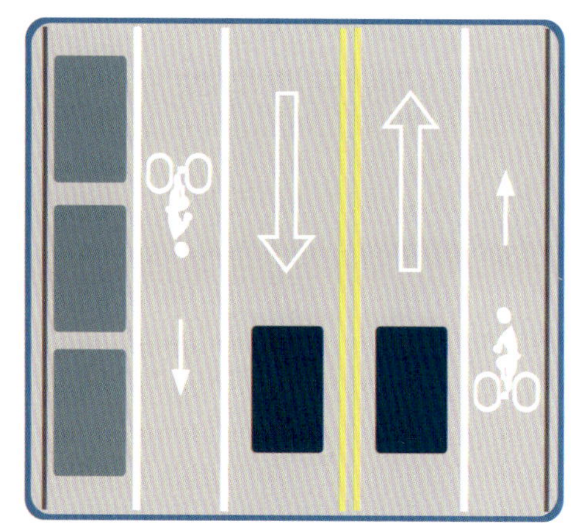

费城常见自行车道设计

• 道路右侧为公交站点或卡车卸货点。

• 道路停车需求高。

• 大量的机动车右转弯。

• 大量的自行车左转弯。

• 车辆进入右手边增设车道（例如高速公路下坡）。

• 左侧自行车道可用于连接道路或其他自行车相关设施。

注意事项

• 避免右侧自行车道与有公交车、卡车及停靠车辆的车道发生冲突；骑车者与司机同侧，可以使司机注意到骑车者。

• 骑车者不一定在道路的左侧骑行。

• 自行车道不一定设在道路的左侧。

• 需要通过特殊标识提醒骑车者和机动车司机留意左侧自行车道。

• 在单向车道变为双向车道的道路，需对左侧自行车道的设计进行更多的考量。

设计

• 运用常规的自行车道设计指导。

• 标识说明可以降低骑车者骑错路的风险。

• 自行车等候区和自行车信号可以帮助骑车者从左侧自行车道变道至右侧自行车道。

• 十字路口左转向的右侧需要设置自行车穿行车道，以减少骑车者和转向车辆的冲突。

3.3.5.3 自行车道缓冲带

自行车道缓冲带指的是带有指定缓冲区的常规自行车道，缓冲区可将自行车道与邻近的机动车道或停车道隔离开来。机动车不可在自行车道缓冲带内行驶或停靠，因而可为骑车者营造出一处安全空间。

应用

• 车流量高、车速快或有卡车行驶的街道可以考虑设置自行车道缓冲带。

• 需对设置自行车道缓冲带的街道进行空间的再分配。

注意事项

• 自行车道缓冲带的设置可以提升骑车者的舒适度和安全度，增加骑车者与机动车之间的安全距离。

设计

• 缓冲带的宽度为 60 厘米至 90 厘米（2 英尺至 3 英尺）。

• 缓冲车道两侧用两条实心白色斜线标示。

• 可使用 15.2 厘米至 20.3 厘米（6 英寸至 8 英寸）宽的实心白线标示邻近机动车道的缓冲带。

• 自行车道的最佳宽度为 1.8 米（6 英尺），而在已设置缓冲带的道路，自行车道的最佳宽度为 1.5 米至 1.8 米（5 英尺至 6 英尺）。缓冲带和自行车道的总宽度被称为自行车道的宽度。

• 在没有设置右侧转向车道的十字路口，需将缓冲带标示线转换为虚线。

绿色街道

• 考虑使用先前的路面。

作用与职责

• 确保车道上没有坑洼、玻璃碎片及其他垃圾。

• 需要对缓冲带进行额外的维护。

• 街道管理部门负责道路清扫及日常维护。

3.3.5.4 反向自行车道

应用

• 出现在人行道上骑自行车情况的道路，可以考虑设置反向自行车道。

• 需绕道通行的街道走廊，可以考虑设置反向自行车道。

• 反向自行车道最适合设置在车速低、车流量低、停车需求低的道路。

• 反向自行车道可设置在设有自行车相关设施的街道。

注意事项

• 反向自行车道的设置可以确保骑车者在车流量低的道路上安全通行，还可以减少车程和绕道情况的出现。

• 反向自行车道的设置可能引发新的冲突，因为机动车司机可能无法预料到正在接近的骑车者。

传统左侧自行车道设计

费城人行道 & 自行车道图

设计

• 提醒机动车司机注意两侧自行车道的自行车辆。

• 在有信号灯的十字路口，设置朝向使用反向自行车道骑车者的自行车信号。

• 使用黄色实心双线车道标识将对面的机动车道与反向自行车道隔离开来。

• 需将反向自行车道标识延伸至十字路口以提醒正在过马路的车辆。

• 两侧设有路边泊车点的街道，需对反向自行车道的设计进行更多的考量。

3.3.5.5 爬坡自行车道

应用

• 带有陡坡且受宽度限制而未设自行车道的双向道路可以考虑设置爬坡自行车道。在道路上坡设置爬坡自行车道，道路下坡设置共享车道（使用共享车道标识）。

注意事项

• 爬坡自行车道可为道路上坡缓慢爬行的自行车辆提供方便，也可将缓慢爬行的自行车辆与快速行驶的机动车辆隔离开来。

• 由于机动车辆下坡速度与自行车辆下坡速度接近，故可在道路下坡设置共享车道。同时，需要及时清理下坡车道边缘的垃圾，避免给骑车者带来危险。

设计

• 运用常规的自行车道设计指导。

• 爬坡自行车道的最小宽度为 1.5 米（5 英尺）。

绿色街道

• 可将绿色基础设施融入设计中。

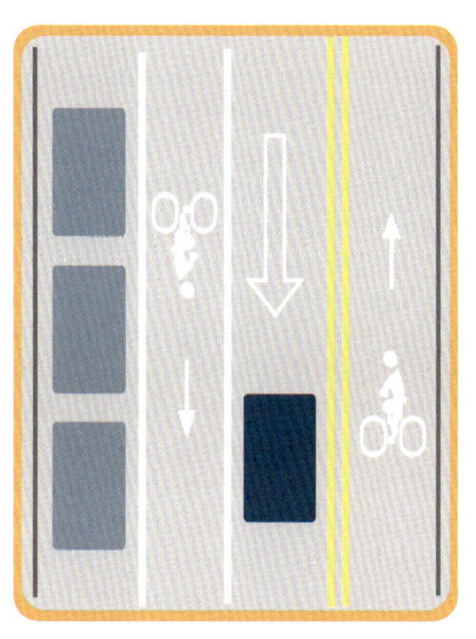

费城人行道 & 自行车道图

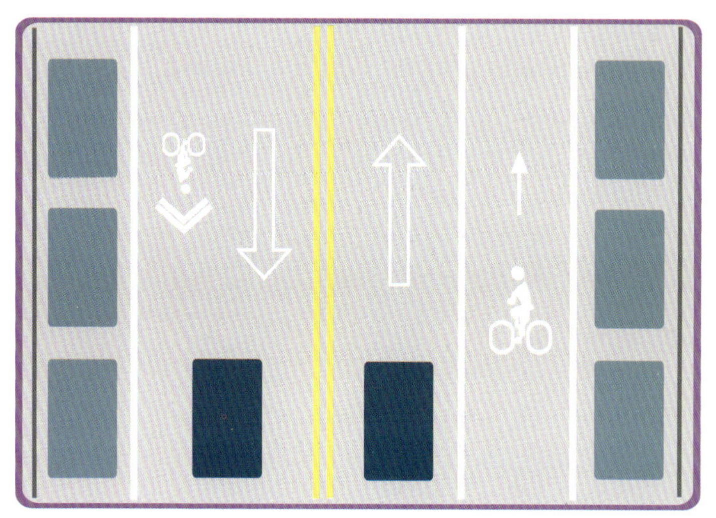

费城人行道 & 自行车道图

作用与职责

• 确保车道上没有坑洼、玻璃碎片及其他垃圾。

• 街道管理部门负责道路清扫及日常维护。

3.3.5.6 自行车专用道

自行车专用道是一种与人行道截然不同的基础设施。自行车专用道可以是单向车道，也可以是双向车道，并根据使用者的体验对常规车道的路面基础设施进行设置。

应用

• 车流量高或车速快的道路可以设置自行车专用道。

注意事项

• 自行车专用道的设置降低自行车与超车车辆碰撞的风险，极大地提升了骑车者的舒适度。

• 与常规自行车道相比，自行车专用道的设置会占用大片空间，具体实施有一定的难度。

设计

• 单向自行车专用道的最小宽度为 1.8 米（6 英尺），双向自行车专用道的最小宽度为 3.7 米（12 英尺）。此外还需在自行车专用道与邻近机动车道或停车道之间设置 60 厘米至 90 厘米（2 英尺至 3 英尺）宽的缓冲带。

• 自行车专用道的路面高度与街道的路面高度一致，可以通过设置缓冲带、路旁泊车点、路边植物池、护柱等装饰设施界定自行车道。

• 自行车专用道的路面高度与路边的路面高度一致，或者与公路和人行道路面的中间高度一致。

• 为确保十字路口处的视线良好，需要将十字路口附近的停车道撤除。

• 需留意自行车专用道的设置，以避免其干扰排水系统的运行或紧急救助的实施。

绿色街道

• 考虑使用先前的路面。

• 设置植物池或雨水收集植物池将自行车专用道与邻近机动车道隔离开来。

作用与职责

• 确保自行车专用道上没有坑洼、玻璃碎片及其他垃圾。

• 由于没有机动车辆行驶带来的清扫效应，需要经常对自行车专用道进行清扫。

• 街道管理部门负责道路清扫及日常维护。

3.3.5.7 多功能道路

多功能道路可用于步行、骑车和轮滑。多功能道路多用沥青、混凝土或是碎石铺砌而成。道路外侧种有绿色植物，可将多功能道路与机动车道隔离开来。本书只对公共道路以内的多功能道路的设计指导进行论述。

应用

• 邻近道路的多功能步行道可以替代人行道。

注意事项

• 不熟练的骑车者或对骑车缺乏信心的人可以在多功能道路上骑行。

• 多功能道路的设置需要占用大片土地，但对道路设计的要求不多。

• 如果已有人行道可允许行人和自行车辆同时通行，便可将人行道改造为多功能道路。

设计

• 多功能道路的设置可允许行人和自行车辆同时通行。残疾人也可以使用多功能道路。

• 需要为行人和自行车辆使用过于频繁的多功能道路分设人行道和自行车道。

• 需要在多功能道路入口处设置标识，提示哪些群体可以使用此道路，以减少多个使用群体之间的冲突。

• 多功能道路的最小宽度为 3 米（10 英尺）。限制使用的多功能道路的最小宽度为 2.4 米（8 英尺）。道路两侧需留出 60 厘米（2 英尺）宽的距离。

• 多功能道路需与道路网相连，但无需在道路上设置多个路口。

绿色街道

• 考虑使用先前的路面。

作用与职责

• 道路的维护取决于路面材料。需要对多功能道路进行检查、清扫及修理。

3.3.5.8 自行车便利道

自行车便利道是为自行车辆而不是高速行驶的机动车辆设置的。自行车便利道的车辆减速设施可以降低车速，为骑车者营造安全的骑行环境。

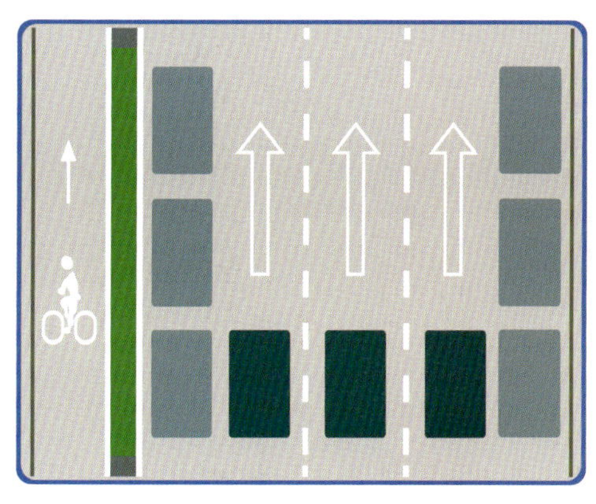

费城人行道 & 自行车道图

里士满绿道透视图（特拉华州街靠近泰奥加航海站）

应用

• 适用于车流量低、车速慢的住宅区街道。

• 建议在狭窄街道，特别是街道两侧设有单向车道或停车道的狭窄街道设置自行车便利道。

• 自行车便利道的设置需要考虑到邻近区域的交通管理和车辆停靠问题。

注意事项

• 自行车便利道的设置提升了年轻人、老年人和骑车者的舒适度。

• 可将已有的车流量低的街道改造为通往住宅区、公园及其他场所的低成本、高质量的步行道或自行车道。

• 自行车便利道是市内线路网的一部分。

• 可将非机动车通行的道路（例如标示“仅限自行车通行”的道路、公园小径、步行或骑行桥）设计为自行车便利道。

• 需要对十字路口处的自行车便利道进行创新设计。

设计

• 设置信号和共享车道标识以界定自行车便利道。

• 设置交通减速设施，吸引更多的骑车者而不是快速行驶的机动车辆：

十字路口处的路缘扩展

凸起的减速器

环形交叉路口

凸起的人行横道

• 将自行车便利道上的自行车活动、次要街道十字路口处的停靠控制和主要街道十字路口处的安全通道进行优先排序。

• 撤除道路中心线以方便车辆避让骑车者，设有停车线或环形交叉路口的十字路口除外。

3.3.6 路边管理构成

路边管理构成指的是车道与人行道之间的道路设施，包括公交站点、路内停车区、装载区、路侧停车区及多功能路边车道。

基本原则

• 路边管理可以减少过往车辆与行人之间的冲突，在车辆和行人之间设置缓冲带。缓冲带可以是植物、街道装饰及其他类似的设计要素。

• 设计公交站点，提升车辆停靠的舒适度。公交站点应与行人道路网及周边场所紧密相连。

• 对设置公交站点、自行车停放处、街景、雨洪管理措施及行人便利设施的停车道进行开发。

• 设定装载区，尽可能减少装载活动对过往行人和自行车辆的影响。

• 设定路侧停车道，减少车辆占用人行道的情况。

作用与职责

• 街道管理部门运输工程及规划服务单位负责对路侧停车道进行审核和批准。

• 街道管理部门交通工程部负责制定路边法规。

• 地方车辆停放主管部门负责对路内停车区和装载区进行设定。

• 城市规划委员会负责审核路侧停车道的使用情况。

• 设施所有人负责对公交站点处的人行道进行维护。

3.3.6.1 路内停车区

路内停车区可以满足车辆停靠的需要。停车道的设置使道路变窄，从而降低了车辆的行驶速度，为行人和骑车者营造出一处舒适的缓冲区。

应用

• 假定路面车辆行驶速度小于等于 56 公里（35 英里）每小时，路内停车区便可设置于共用窄道之外的所有街道类型。

• 车流量低、车速慢的商业街道可以设置后向停车区（后向停车区可提供更多的车位）。

注意事项

• 路内停车区的设置可能会带来消极影响，例如增加了人行横道的长度，减少了人行道、自行车相关设施及绿色基础设施的可用区域。

设计

• 停车道的最佳宽度为 2.4 米（8 英尺），最小宽度为 2.1 米（7 英尺）。这一宽度适用于所有住宅区街道和车流量低、停车需求量小的商业街道。

• 平行停车区的尺寸为 2.1 米至 2.4 米（7 英尺至 8 英尺）宽，5.8 米至 6 米（19 英尺至 20 英尺）长，并标示有 15.2 厘米（6 英寸）长的白线。

• 路边与树木、电线杆及其他人行道设施之间的距离至少为 46 厘米（1.5 英尺），以此为车辆开关门留出足够的空间。

• 后向停车区的宽度一般为 2.6 米（8.5 英尺）。

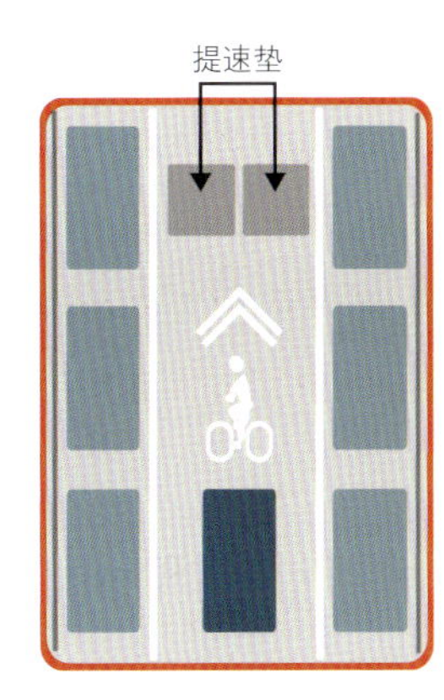

费城人行道 & 自行车道图

自行车友好街道应包含路缘石延展区、绿色基础设施和其他交通稳定特点，来营造舒适的步行或骑行环境

绿色街道

• 使用先前的路面和雨洪路缘扩展设施。

作用与职责

• 地方车辆停放主管部门负责对路内停车区和装载区进行设定，同时负责对停车计时器和停放标识进行设置和维护。

• 街道管理部门负责设定停车区、公交车出租车停靠区。

• 街道管理部门负责对路内停车区进行设置和维护。

• 市政部门负责制定停车法规。

3.3.6.2 路面自行车停放处

空间有限的停车道可以设置路面自行车停放处。也可将路内停车道改造为路面自行车停放处。6 米（20 英尺）宽的空间可以容纳 6 个自行车 U 形站架，停放 12 辆自行车。路面自行车停放处的好处是不会占用邻近的人行道。

应用

• 路面自行车停放处适用于人流量高的步行街道、礼仪用道，以及适合步行的商业走廊及城市街坊。

• 路面自行车停放处常见于适合步行或骑车的商业区。

• 路面自行车停放处不适合用限制高峰时段停车的街道。

注意事项

• 可将路面自行车停放处的设置与路缘扩展设施相结合，为失控车辆提供防护措施，为绿色基础设施的设置提供空间。

• 路面自行车停放处可以减少自行车在人行道上杂乱行驶的情况。

• 路面自行车停放处的设置需要征求周边商业区的意见。

• 可以使用自行车 U 形站架或装饰性站架。

图 3-12: 路缘石管理元素

避车处应尽量少用，车辆会占用人行道，降低行人行走的舒适度和安全度

设计

• 需要设置自行车站架，以便自行车垂直于路面线停放。

• 在停车道的边缘设置路边、护柱或其他屏障，使路面自行车停放处免受机动车的干扰。尽可能将自行车站架设置在路缘扩展之上。

• 位于路缘扩展之上的自行车停放处需设置路缘坡道，以便骑车者从自行车道变道至自行车停放处。

绿色街道

• 设置雨洪路缘扩展以保障路面自行车停放处的正常使用。

作用与职责

• 产权所有人或合作单位需与街道管理部门签订维护协议，以获得其对路面自行车停放处设置的批准。

• 街道清扫车或扫雪机无法对路面自行车停放处进行清扫，因此需要对路面自行车停放处进行额外的维护。

3.3.7 车辆道路构成

车辆道路构成指的是公共道路上专门用于机动车行驶的道路。有关十字路口的设计问题将在十字路口构成一节有所提及。

基本原则

• 对车辆通行需求与其他道路使用者的通行需求进行协调。

• 根据街道类型和道路周边环境的需求，对车速限制进行调整。

• 在确保多功能运输通道及车道便利设施正常使用的同时，缩减道路宽度。对路面的紧急车辆通行情况和指定路线的运输通道进行考虑。

• 为指定目的地提供多条可选的往返线路。

• 在修建新道路时，尽可能地使其与邻近街区相连。

作用与职责

• 街道管理部门负责修建和维护公共道路上的车辆设施。

• 规划委员会负责对分区细节平面图进行审核。

• 水务部门负责对雨洪基础设施的设计进行审核。

3.3.7.1 道路中央隔离岛

道路中央隔离岛是混凝土制的安全岛或景观街心岛。它能够将多个车道隔离开来，而且它的设置还能为植物和绿色基础设施提供条件。

费城第一条自行车围栏，位于西德纳姆街

应用

• 可将道路中央隔离岛设置在宽度超过 18.3 米（60 英尺）的人行横道上。

• 双向多车道道路也可设置道路中央隔离岛。

注意事项

• 设计需要考虑车流量的变化以及紧急车辆通行的情况，以防止车辆驶向其他车道。

• 行驶车辆不可压过道路中央隔离岛。

• 道路中央隔离岛设施涵盖了渗水路面、植物池及树木，其设置应尽可能地避免车辆侵占道路情况的发生，降低车速，并为绿色基础设施的设置提供条件。

• 限制十字路口处植物的高度，以免阻碍人们的视线。

• 道路中央隔离岛的设置需要对地下公共设施的位置进行考虑。

设计

• 根据设计方式对实际宽度进行调整。

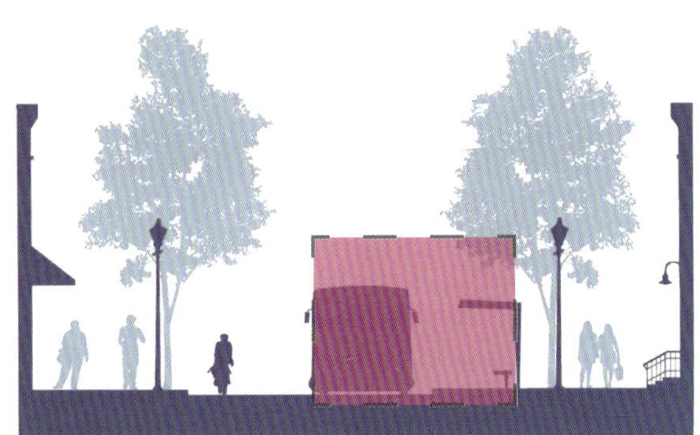

图 3-13: 乡村路构成

• 最小宽度为 1.8 米（6 英尺），如果道路中央隔离岛同时用作安全岛，其最佳宽度应为 2.4 米（8 英尺）。

• 详见安全岛设计指导（3.3.8.3）。

绿色街道

• 种植树木或使用雨水收集植物池。

作用与职责

• 开发者负责对道路中央隔离岛进行维护，还需要与市政部门签订协议。

3.3.7.2 减速弯道

应用

• 减速弯道适用于车流量低、最多设有两排车道的狭窄道路，此处道路为车辆超速行驶的多发区。

注意事项

• 减速弯道涵盖了渗水路面、植物池及树木，其设置应尽可能地避免车辆侵占道路情况的发生，并为绿色基础设施的设置提供条件。

宽敞的机动车道的不透水路面可能会诱使机动车加速

• 限制十字路口处植物的高度，以免阻碍人们的视线。

• 减速弯道的设置需要对地下公共设施的位置进行考虑。

• 减速弯道的设置可能会占用路内停车区的面积。可以在街道两侧交替设置路内停车区以营造出减速弯道的效果。

• 减速弯道的设置可能会影响排水系统的运行，如果此处弯道不用于拦截雨水，则需要对地下水域布局进行重新布置。

• 公交车道、货车道或紧急用道不可设置减速弯道。

设计

• 详见路缘扩展设计指导（3.3.8.2）。

• 使用警告牌和路面标识提醒道路使用者注意前方的减速弯道。

绿色街道

• 使用雨水收集植物池。

作用与职责

• 开发者负责对减速弯道进行维护。

3.3.8 十字路口构成

为方便过往行人安全通行，设计师对十字路口进行了设计处理。十字路口的设计处理会对十字路口和人行道安全性能的发挥产生影响，其中还包括对十字路口几何结构、路面标线、交通信号灯的设计处理。

基本原则

• 对十字路口的设计处理可以减少过往行人之间的碰撞，提升行人和骑车者的安全度和舒适度。

路中岛不单是绿色基础设施，也对自行车和行人有益

涂色路中岛可作为交通警示，但不能为行人提供庇护

转弯绿化带可缓解交通，是雨洪管理的一部分，这种方法常见于波特兰市道路绿化

• 设置路缘坡道、调节信号灯的设定时间，以保证过往行人顺利通行。

• 尽可能缩短人行横道的长度，以减少行人过马路的时间，确保行人的安全。

• 缩减街道或车道的宽度。

• 扩展路边或减少半径。

• 人行横道过长的路段设置道路中央隔离岛或安全岛。

• 为行人提供过马路的时机。

• 行人选取直达路线抵达目的地，每隔 91 米至 152 米（300 英尺至 500 英尺）便可得到一次安全通过马路的机会。

• 市中心的人行横道长度适中，城市街区的人行横道的长度不超过 152 米（500 英尺）。

• 降低车辆行进速度，增加十字路口能见度，以减少事故的发生。

• 简化结构复杂的十字路口。尽可能地将斜行十字路口变成直行十字路口，将交流道变成公共车道。

3.3.8.1 交通岗人行横道

人们通常将十字路口处的人行道横向扩展称为“人行横道”。被标示出的人行横道为行人提供了过马路的最佳路线，同时可以提醒其他道路使用者注意路面上的行人。

多数城市目前采用的是两种类型的人行横道：标准的人行横道和“高能见度”的欧式人行横道。

应用

• 人行横道标示适用于各种街道类型。

• 人行横道标示可用于所有由信号灯控制的十字路口。

• 欧式条纹可用于有高能见度需要的十字路口：

学校附近的穿越道

有两条或多条车道的十字路口

地铁站十字路口

电车站

商业区十字路口

图 3-14: 城市设计元素

注意事项

• 标示出人行横道，方便行人通行。

• 道路法规规定，十字路口处（包括 T 形十字路口）均需设置人行横道。人行横道可以是有标示的或无标示的。

• 人行横道线的设置需对下列因素进行考虑：人流量、车流量、老人、残疾人、学区位置、车道数量、行人目的地、平均车速、与最近人行横道的距离、能见距离、车距、照明设施。

设计

• 人行横道标示必须与路缘坡道及可触式警示带配套设置。

• 人行横道的宽度：市中心 4.5 米（15 英尺），市中心外 3 米（10 英尺）。为适应较高的人流量，可以设置更为宽阔的人行横道。

• 标准人行横道：3 米至 4.5 米（10 英尺至 15 英尺）宽，白色条纹 15.2 厘米（6 英寸）宽。

• 欧式人行横道：3 米至 4.5 米（10 英尺至 15 英尺）宽，垂直白色条纹 66 厘米（26 英寸）宽，间距 15.2 厘米（6 英寸）。

• 停车线：白色条纹 66 厘米（26 英寸）宽；距设有停车标志的人行横道 1.8 米（6 英尺）；距设有信号灯的人行横道 3 米（10 英尺）。

• Dura-Therm 公司的热塑性材料是目前唯一的正在使用的人行道装饰性材料，也可以考虑采用其他可维护性材料。

• 人行横道标示紧密排列，方便转向车辆注意。

• 欧式人行横道标示需与车道线或车道中心线在同一水平线上，可避免车轮压过人行横道标示，延长人行横道的使用寿命。

• 街角处设置排水系统，避免人行横道积水。

3.3.8.2 路缘扩展

路缘扩展使人行道向街道扩展，通常是向路内停车道扩展。十字路口处的路缘扩展缩短了人行横道的距离，其设置使道路变窄，从而降低了车辆的行驶速度，增加了行人和司机的能见度。在繁忙的十字路口或路缘坡道处进行路缘扩展，可以为行人提供额外的步行空间。

应用

• 路缘扩展适用于所有设有路内停车区的街道类型。

• 路缘扩展适合设置在车辆减速区或需要缩短人行横道距离的区域。

• 路缘扩展适合设置在公交站点和人行横道标示处。

注意事项

• 设置路缘坡道时或改建十字路口时，需要对路缘扩展的可行性进行评估。

• 街角处的路缘扩展可以降低转向车辆的速度，增加行人的能见距离。

• 可以使用路缘扩展界定斜角停车的界限或阻止大型车辆转向。

• 消防栓前的路缘扩展可以确保消防器械区域的畅通。

• 路缘扩展可以阻止人行横道上停车情况的发生。

• 路缘扩展可能会对运输通道、垃圾清理、积雪清扫和街道清扫产生影响。

• 路缘扩展可以容纳街道装饰、公交站点、植物带或雨洪管理措施。

• 设置了路缘扩展的公交站点，公交车无需并道行驶。

• 改造排水系统及公共设施通道的费用和复杂程度可能影响路缘扩展的设置。

设计

• 不应将路缘扩展扩展至自行车道（如有）。

• 部分十字路口半径较大的路边可以容纳路缘扩展。

• 以下标准需根据具体环境对设计进行修改：

比停车道（约 1.8 米或 6 英尺）窄 60 厘米至 90 厘米（1 英尺至 2 英尺）。

最短长度为 4.5 米（15 英尺）；

路边半径为 0；

鼓励将雨水收集植物池融入到路缘扩展的设计中；

路缘扩展处的装饰或植物不得妨碍视线。

绿色街道

• 雨洪路缘扩展适合设置在地势较洼的街区（面积为 152 米乘以 183 米或 500 英尺乘以 600 英尺），这些街区本身已配备相应的排水设施，并做好了公共设施规划。

• 雨洪路缘扩展是全部或部分覆盖有植被的路缘扩展，路缘石凸出，缩小了行人穿行必须的街道空间。路缘扩展下层铺设岩石，上层铺设沙土和低矮植物。经进水口流入路缘扩展的雨水径流渗透至地下或被周围植物吸收。多余的径流可被下一处进水口拦截。除了管控雨水径流，路缘扩展的设置还可以帮助车辆减速。

3.3.8.3 安全岛

安全岛可以引导转向车辆，分隔同向或反向行驶的车辆，并为过马路的行人提供安全等候或休息的区域。安全岛将难以通行的或距离较长的十字路口分成多个容易通行的且距离较短的十字路口，行人便可利用行驶车流的间隙，安全穿过马路。

应用

• 路宽超过 18.3 米（60 英尺）的道路的人行横道处可以设置安全岛。

• 设有 6 个或多个车道的高流量交叉路口处可以设置安全岛。

• 信号定时较短，行人无法在时限内通过马路的大型交叉路口处可以设置安全岛。

• 难以通行的交叉路口处可以设置安全岛。

注意事项

• 街道管理部门需要对安全岛的设置条件进行具体分析。

• 安全岛或道路中央隔离岛的维护费用低，但是只能为行人提供有限的保护。

• 通过设置植物或护柱，阻止车辆闯入安全岛。

• 如果安全岛上的植物高度不会妨碍交叉路口的视线，也可将安全岛用作绿色基础设施使用。

• 如果安全岛的设计合理，右侧转向车道则可以提升行人的能见度，缩短行人穿行马路的距离；然而在行人活动密集的区域要尽可能地避免设置右侧转向车道，对于每小时可以通行 200 至 300 辆右侧转向车辆的道路就可以保留右侧转向车道。如有可能，可将行人活动密集的专用转向车道改造为行人广场或是雨水收集植物池。

设计

• 根据设计方式对实际宽度进行调整。

• 安全岛需为行人提供 1.5 米（5 英尺）宽的步行区域。

• 道路中央隔离岛的最小宽度为 1.8 米（6 英尺）。

• 设置在道路中央且宽度小于 1.8 米（6 英尺）的安全岛无需设置路面警告标示。

• 如果在设有信号灯的交叉路口设置宽度小于 1.8 米（6 英尺）的安全岛，需要调整信号定时，以确保行人可以在时限内顺利通过马路。

• 路缘坡道或步行区域（宽度大于或等于人行道）及道路中央隔离岛都属于安全岛的范畴。

• 调整转向车道附近安全岛的角度，以将车辆速度降至 8 至 16 公里每小时或 5 至 10 英里每小时。设有侧转向车道或人行横道的交叉路口最好设置信号灯。

• 宽阔且车辆高速行驶的道路及铁路交叉路口附近需要设置 Z 形人行横道，以便行人可以在通过马路之前留意到迎面而来的车辆。

绿色街道

• 设置景观设施或雨水收集植物池。

文字来源：
费城街道设计手册
www.phila.gov
费城绿色街道设计手册
www.phillywatersheds.org

公共绿道

公共绿道的修建鼓励人们使用替代型交通工具，从而减少碳排放量、改善城市环境。这一环境标准已经被设计人员运用到街道的设计中。在街道的设计阶段，设计人员便开始进行雨水管理、使用透水材料和植被。作为一种最为宝贵的城市基础设施资产，公共绿道正逐渐受到越来越多的关注，而这种街道的设计方式也将势在必行。道路网的设计需要考虑多种不同的要求，其中的很多要求便来源于非机动车辆。在意识到这一点之后，本章将着手对多种城市街道类型的设计案例进行论证，而这些城市街道类型包括公园道路、低密度住宅区、观景公路、城市街区和大学街道。本章借鉴了众多规划师和设计师的设计理念，他们为读者提供了诸多可以被运用到绿道设计中的通则、要求、有价值的信息等，读者可以根据具体的场地条件对这些信息进行必要的调整。

芝加哥大学 58 号西街街道景观

项目地点 / 美国芝加哥市
景观设计 / 赛特景观设计公司（site design group, ltd.）
摄影 / 罗斯・阮（Rose Yuen），赛特景观设计公司

定制的野餐桌、座椅墙，以及精致的路面将这一空间的轮廓描绘出来，这里与其他街道景观的设计融为一体。项目伊始，芝加哥大学的主要目标之一便是尽可能地对这一新打造的街道景观进行绿化——这意味着这里将在栽植众多郁郁葱葱而又富有生机的植物。设计过程的一个重要环节是适应并改善目前的大学标准铺砌方式，即由砂岩和透水混凝土组成的铺装材料。面向行人的设计和规划运动正在迅速地发展，而该项目可以供公共机构和市政当局在实施类似举措时进行参考。

布莱克门区绿道

项目地点：布拉里克姆市，荷兰
项目面积：120 公顷（296 英亩）
建成时间：建设中
景观设计：B+B 景观设计与城市规划事务所
项目预算：未知
摄影：弗里克 · 卢斯
委托方：布拉里克姆市

布莱克门区绿道方案因其布拉里克姆式的弯曲道路和绿色景观而独树一帜。本次城市规划的重要举措是修设一条名为明特斯特蒙的河流。明特斯特蒙河起于比凡客住宅区，流经斯特蒙河和三角洲，止于霍伊湖。

为了将明特斯特蒙河与霍伊湖连接起来，设计师修建了船闸。船闸被设计成河堤的切口，平台上方和内部都覆盖有木板。这种设计方式可以更好地接纳乘船来访的游客。设计师对早期的开阔地以及被一排排高大树木隔离开来的弯曲的主干路和次干路进行了改造，将弯道改造成直道，还在道路两侧增设多种基础设施，使得该区域的布局协调、层次分明。虽然道路并不宽敞，但却为人们营造出绿色的氛围。设计师还对该区域的公共空间进行了改造，对用砖石铺砌的道路和用天然石材修建的广场进行规划设计。为住宅区配设的广场位于次干路交汇处，每个广场上都栽植有一棵参天大树。这些栽植有参天大树的广场因此成为了整体规划内的地标性基础设施。

辛德普莱因广场和普莱特莱茵广场均位于第一个住宅区内，辛德普莱因广场上栽植有一棵雪松树，普莱特莱茵广场上则栽植有一棵法国梧桐树。广场路面的石头有两种颜色，这两种颜色拼凑出树荫的图案。广场上每棵树的周围均设有钢质树圈。广

场上的座椅由天然石料制成，石座上表面铺设有木板。普莱特莱茵广场上还设有通往水面的石阶，附近居民可以在河道两侧漫步或是休息。

布莱克门区绿道的绿色空间集中在一个线性公园内，并沿着明特斯特蒙河错落分布。埃姆斯河的一条支流常年流经此处，明特斯特蒙河的走向便与这条支流一致。2,500 米（8,202 英尺）长的园区将比凡客住宅区的绿色空间与维兰德·斯蒂伯格休闲娱乐区连接起来。园区内种有宿根植物、草本植物以及一些美观的公园树。植被的颜色从南端的色彩斑斓渐变至霍伊湖末端的绿色。

明特斯特蒙河面上架设有多座桥梁，无论直桥还是弯桥，均可以被看作是道路沿途绿化的延续。一个简单的桥板便可作为道路延续；安装于桥面之上的防护栏很是显眼。这些防护栏被装饰成人工树篱，会让人想起设置于道路沿线的树篱，这里将成为布拉里克姆市和布莱克门区绿道的一道风景。设计师对树篱的设计给予了很多的关注。人们可以沿着树篱的走向，顺利渡河。

上图：横跨明特斯特蒙河之上的桥梁和线型公园内的美景
对页上图：横跨明特斯特蒙河之上的桥梁

布莱克门区城市规划图

上图和下图：横跨明特斯特蒙河之上的桥梁
对页上图：辛德广场
对页左下图：广场路面铺装样式
对页右下图：广场路面铺装细节图

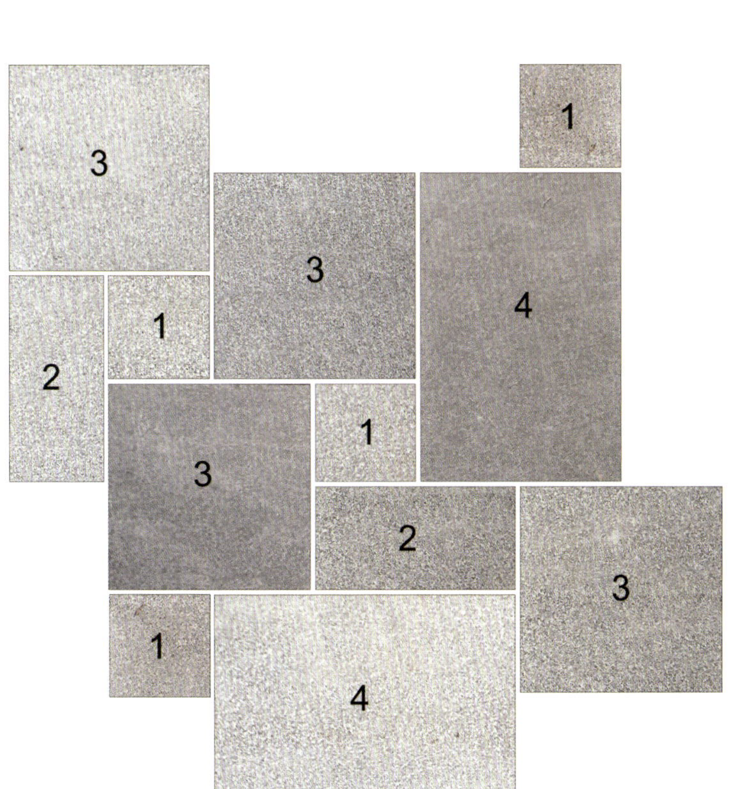
3
1
1
3
4
2
1
3
1
2
3
1
4

布里斯托滨水绿道

项目地点：布里斯托市，英国
项目面积：6.6 公顷（16 英亩）
建成时间：2015 年
景观设计：格兰德联合公司（Grand Associates）
项目预算：1.2 亿英镑
摄影：格兰德联合公司
委托方：克雷尼克尔森公司（Crest Nicholson）

布里斯托港湾的景观将布里斯托市与历史滨水区重新联系起来。格兰德联合公司的设计师们正在着手创建一个可持续性设计的范例，设计内容包括对城市排水系统进行创新性和可持续性改造。这一举措将为本地生物的多样性发展带来积极影响。

再建项目完成之际，恰逢布里斯托市庆祝 2015 年荣获欧洲绿色之都的称号——因其对城市的可持续发展、创造性发展及文化性发展所做出的杰出贡献，而被授予这一称号。

布里斯托港湾是一个位于城市边缘浮动港的价值 1.2 亿英镑的多功能区域，对布里斯托的历史滨水区的核心区域进行重建。可持续景观设计在总体方案中发挥了关键作用。

格兰德联合公司与总体规划建筑师卡利南工作室（Cullinan Studio）密切合作，将 6.6 公顷（16 英亩）的废弃码头污染土地和煤气厂改造成充满活力的新街景、滨水步行道、公共开放空间和可持续性城市排水系统。

格兰德联合公司的公共领域景观设计以强大的滨水可持续性论述为依托。设计亮点包括：

1. 充满活力的空间、路线和公共广场

创建一系列的空间和路线可以为浮动港提供更为广泛的公共领域，包括新的公共广场、林荫大道、港口停泊处。滨水区的视野和通道极其开放，特别是大教堂和先前难以接近的港口，设计师强化了海滨与布里斯托市的视觉联系，使海滨区重新焕发生机。

2. 可持续性城市排水系统

可持续性城市排水系统通过一系列的管道、沟渠及沿途的植物灌溉设施将雨水从建筑屋顶引流至港口。雨水和地表水经海港边的芦苇流入港口。漂浮于水面之上的芦苇为生物营造了宝贵的栖息地，同时还为海港增添了滨水景观美感。面向中央广场的大片绿墙也为生物营造了一处栖息地。

3. 布鲁内尔米莱公共用道

布鲁内尔米莱公共用道是草地庙火车站通往大不列颠号的一条主要公共用道，现已实现全线贯通。新建的世纪大道对布鲁内尔米莱公共用道进行了最后的延伸，为布鲁内尔历史上著名的客运蒸汽船提供停靠位置的同时，使得港口焕发新的生机。

4. 公共艺术项目

格兰德联合公司与蒂姆·诺尔斯（Tim Knowles）、理查德·博克斯（Richard Box）、詹妮丝·凯贝尔（Janice Kerbal）、达芙妮·赖特（Daphne Wright）等国际知名的艺术家合作，共同创建了一个综合性的公共艺术项目，以使各部分的独立景观融为一体。

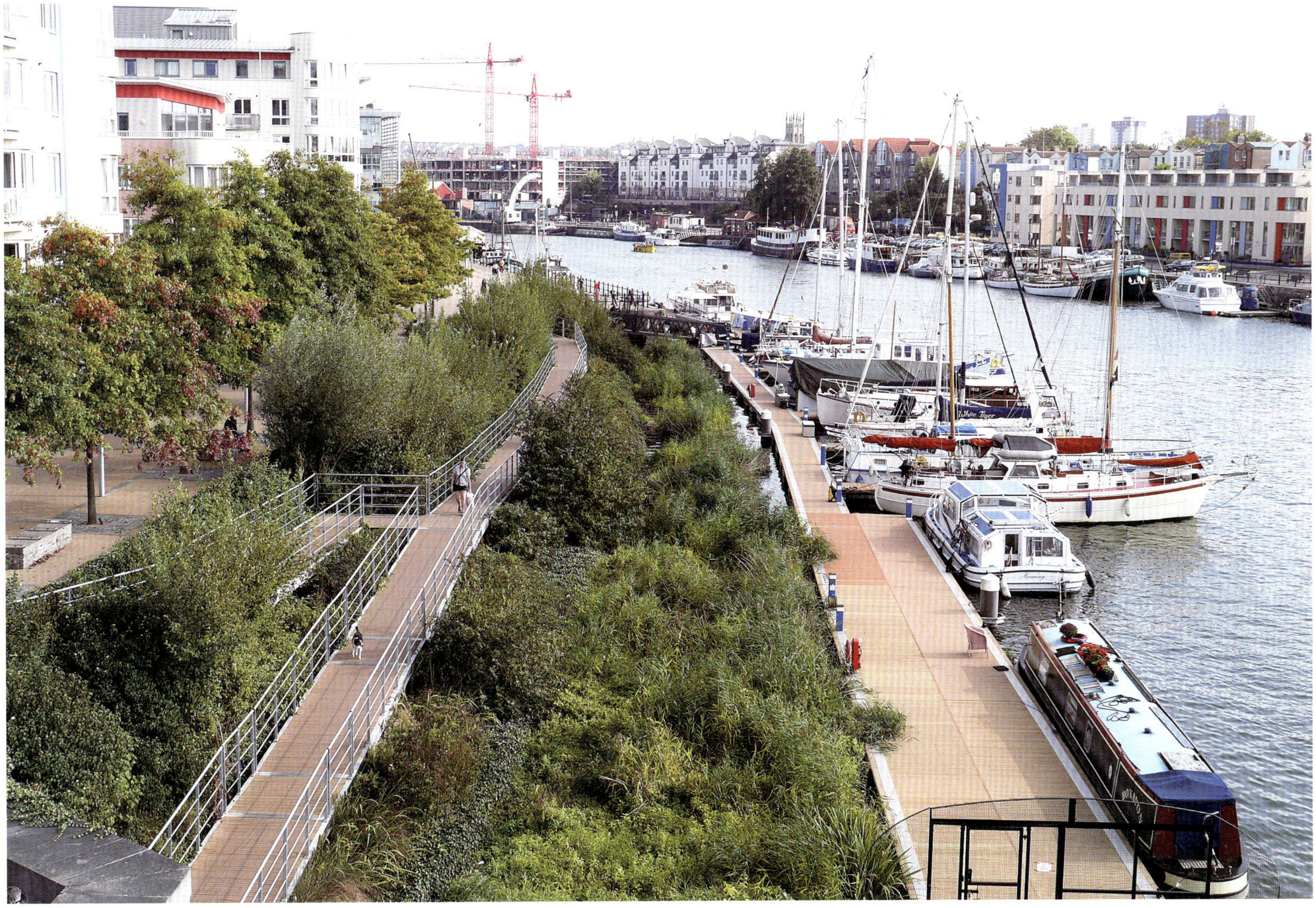

上图：布里斯托港湾俯瞰图
对页上图：滨水绿道

剖面图 BB

剖面图 CC

剖面图 AA

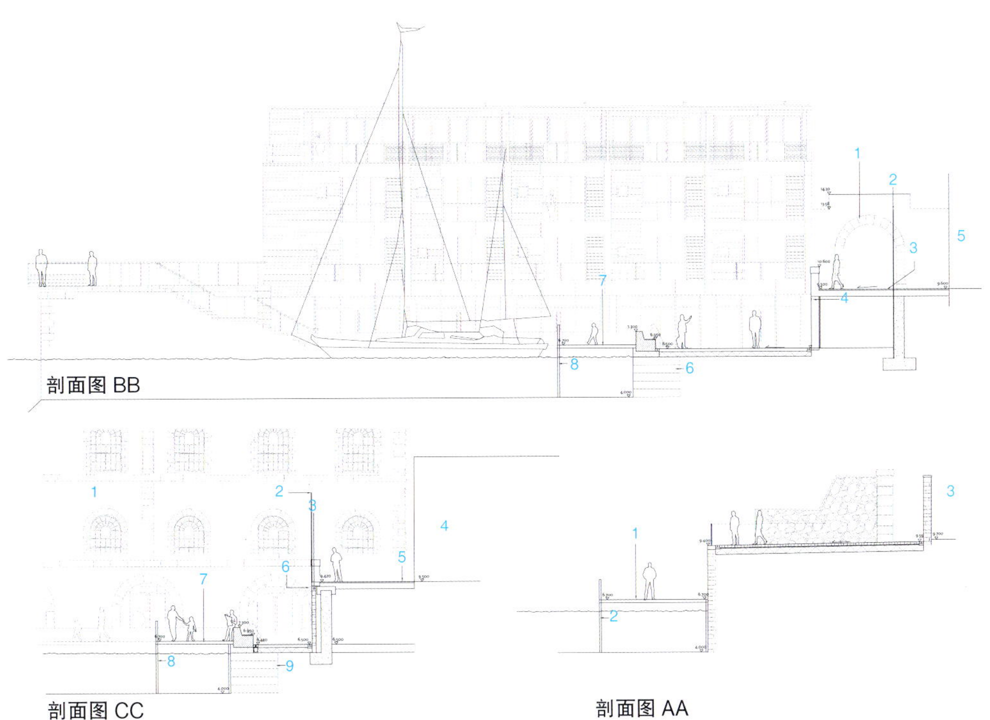

浮桥、港口步道及凉亭的剖面图 BB

1. 对行人通道的岩石进行重新布置，为拱门的修建留出足够的高度
2. 港口入口边界结构
3. 外表面处理包括阳台上的扶手
4. 石制覆面的凉亭
5. 房屋建筑净化器
6. 加筋土块
7. 浮桥结构
8. 浮桥石桩结构

浮桥、港口步道及凉亭的剖面图 CC

1. 房屋建筑净化器
2. 港口入口边界结构
3. 石制覆面的凉亭
4. 4 号建筑
5. 外表面处理，包括阳台上的栏杆
6. 固定于凉亭之上的照明设施
7. 浮桥结构
8. 浮桥石桩结构
9. 加筋土块，参见照明工程师的技术参数图

现有港口墙的剖面图 AA

1. 浮桥结构
2. 浮桥石桩结构
3. 1 号建筑

上图：住宅区内的走道上设置座椅区
对页上图：当地人可以在滨水绿道上休闲放松、享受阳光

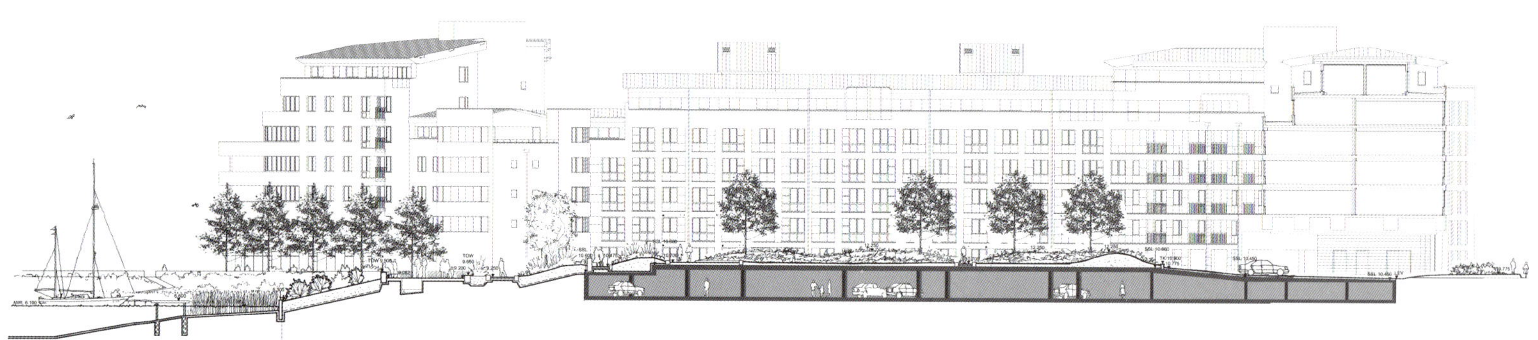

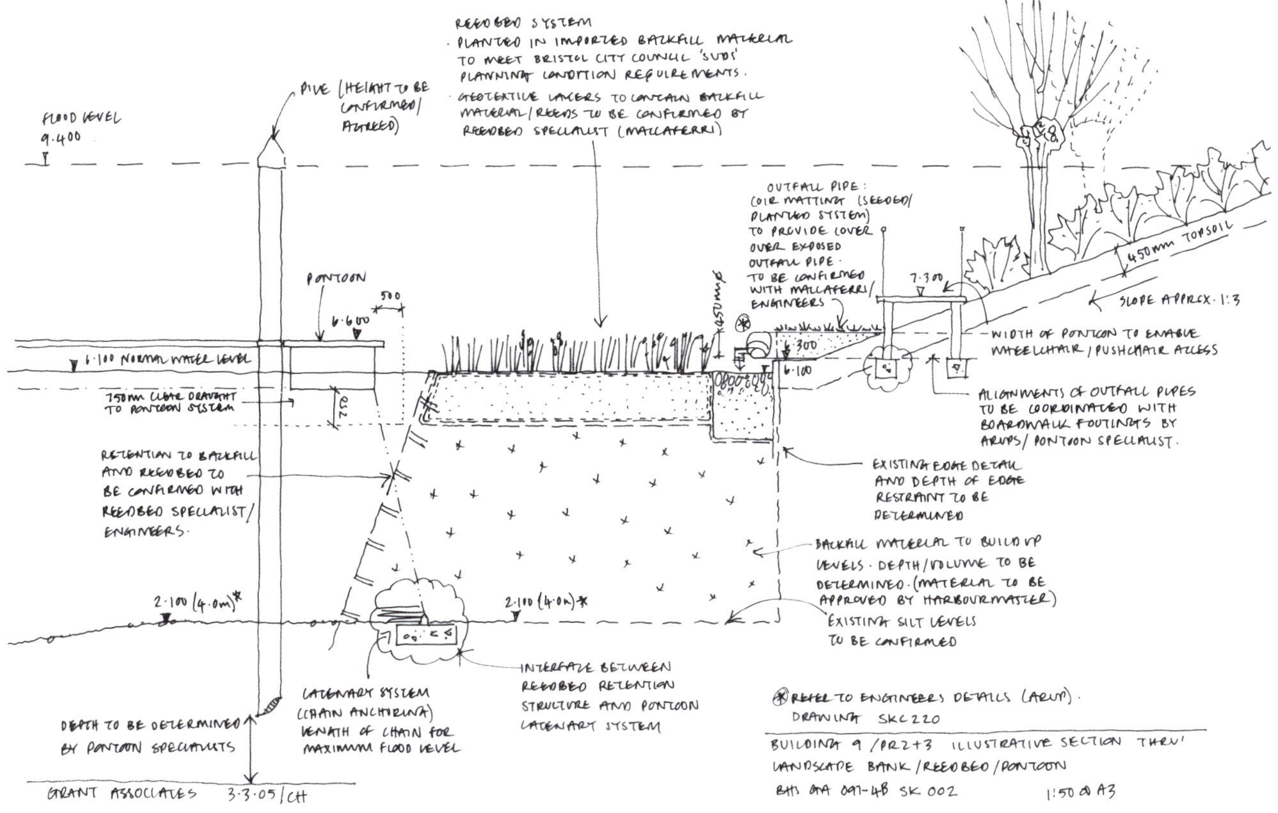
REEDBED SYSTEM
· PLANTED IN IMPORTED BACKFILL MATERIAL TO MEET BRISTOL CITY COUNCIL 'SUDS' PLANNING CONDITION REQUIREMENTS.
· GEOTEXTILE LAYERS TO CONTAIN BACKFILL MATERIAL / REEDS TO BE CONFIRMED BY REEDBED SPECIALIST (MACCAFERRI)
PILE (HEIGHT TO BE CONFIRMED / AGREED)
FLOOD LEVEL 9.400
OUTFALL PIPE: COIR MATTING (SEEDED / PLANTED SYSTEM) TO PROVIDE COVER OVER EXPOSED OUTFALL PIPE. TO BE CONFIRMED WITH MACCAFERRI / ENGINEERS
PONTOON
500
6.600
450mm
6.300
6.100
7.300
450mm TOPSOIL
SLOPE APPROX. 1:3
6.100 NORMAL WATER LEVEL
750mm CLEAR DRAUGHT TO PONTOON SYSTEM
WIDTH OF PONTOON TO ENABLE WHEELCHAIR / PUSHCHAIR ACCESS
ALIGNMENTS OF OUTFALL PIPES TO BE COORDINATED WITH BOARDWALK FOOTINGS BY ARUPS / PONTOON SPECIALIST.
RETENTION TO BACKFILL AND REEDBED TO BE CONFIRMED WITH REEDBED SPECIALIST / ENGINEERS.
EXISTING EDGE DETAIL AND DEPTH OF EDGE RESTRAINT TO BE DETERMINED
BACKFILL MATERIAL TO BUILD UP LEVELS. DEPTH / VOLUME TO BE DETERMINED. (MATERIAL TO BE APPROVED BY HARBOURMASTER)
2.100 (4.0m)*
2.100 (4.0m)*
EXISTING SILT LEVELS TO BE CONFIRMED
INTERFACE BETWEEN REEDBED RETENTION STRUCTURE AND PONTOON CATENARY SYSTEM
CATENARY SYSTEM (CHAIN ANCHORING) LENGTH OF CHAIN FOR MAXIMUM FLOOD LEVEL
DEPTH TO BE DETERMINED BY PONTOON SPECIALISTS
GRANT ASSOCIATES 3.3.05 / CH
* REFER TO ENGINEERS DETAILS (ARUP). DRAWING SKC220
BUILDING 9 / PR2+3 ILLUSTRATIVE SECTION THRU' LANDSCAPE BANK / REEDBED / PONTOON
BHS GA 097-48 SK 002 1:50 @ A3

上图：铺设透水路面的商业街
对页上图：居民住宅楼外的景象
对页下图：秋日的住宅区走道

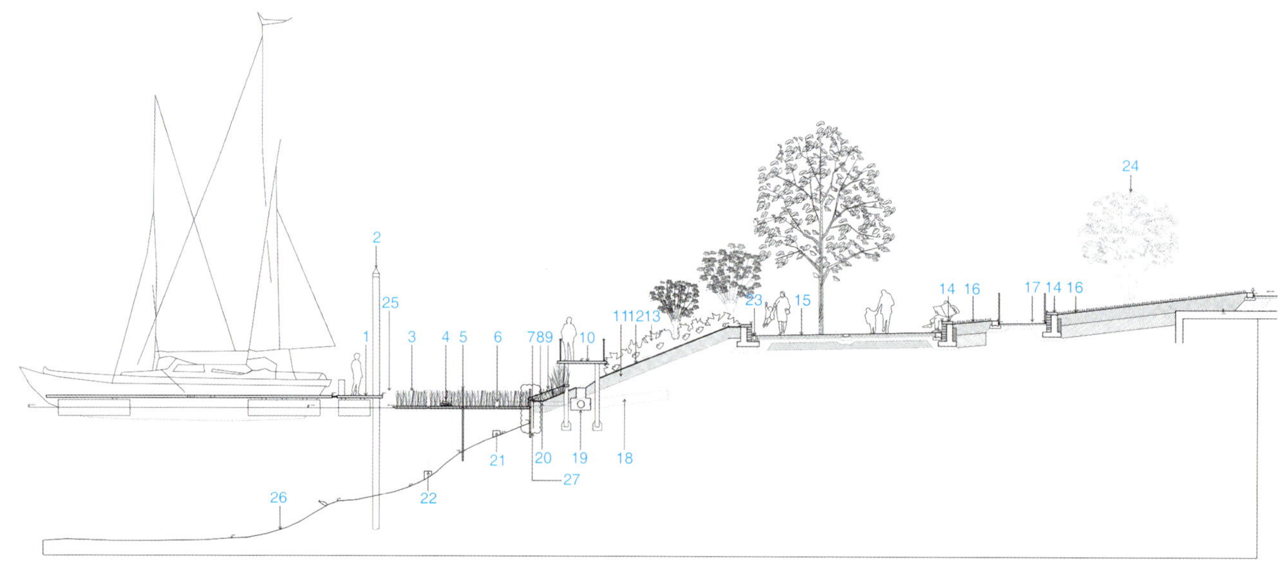

码头堤岸 / 苇丛河床剖面细节图

1. 浮桥结构
2. 浮桥石桩
3. 苇丛河床
4. 野生动植物供应站
5. 脚手立杆
6. 配水管
7. 港口边缘地带
8. 保险链
9. 边缘种植区
10. 木栈道
11. 表层土
12. 侵蚀防护层
13. 堤岸栽植
14. 墙面
15. 港边步道
16. 草坪 / 球茎植物
17. 人行坡道
18. 输水管
19. 会所
20. 连接管
21. 悬链式锚链
22. 栏杆：不锈钢栏杆
23. 排水系统
24. 树木栽植
25. 国航公司要求浮桥边缘与苇丛河床间清水区的最小宽度为 0.5 米（1.7 英尺）
26. 从高程测量点位获取浮动码头的外观图
27. 确保河岸的稳固性，以修设苇丛河床、木栈道和排水系统，并在堤岸上栽种植物

左上图：夏日里，人们在铺设透水路面的街道上行走
右上图：低矮的人行天桥下生长着繁茂的湿地植物
下图及对页：被储存下来的多余雨水形成了一条小河

东区城市公园

项目地点：伯明翰市，英国
项目面积：2.73 公顷（6.7 英亩）
建成时间：2011 年
景观设计：艾琳 · 普罗沃斯（Allain Provost）
景观事务所
项目预算：1.7 亿英镑
摄影：蒂姆 · 索尔（Tim Soar）
委托方：伯明翰市议会

英国匹特·泰勒（Patel Taylor）事务所与法国艾琳·普罗沃斯景观事务所成功斩获国际景观设计比赛的大奖，也因此获得了参与东区城市公园项目设计的资格。东区城市公园是伯明翰市一个多世纪以来新建的第一座公园。东区城市公园项目为景观设计师提供了极佳的机会，因此备受景观设计行业的关注。东区城市公园位于城市东边的重建辖区内，公园用地呈狭长型，将千禧点（Millennium Point）正面的市中心与东侧的狄格贝斯（Digbeth）运河连接起来。

本次项目的设计方案是对东区城市公园内的多个界限分明的区域进行设计。东区城市公园内错落有致的道路，将各个区域连接起来。园内的各个区域功能不同，层次和涵义也各不相同。公园纵向长度的建筑叙事风格更为连贯，而公园的横向宽度较短，为人们提供了更多的穿越绿野的机会。

无论是多个区域还是单个区域，东区城市公园内的各个区域均在地势、历史及形式方面与城市有着千丝万缕的联系。

上图：部分雨水通过透水路面渗透至地下，绿道附近的池塘可以储存多余的雨水，这些雨水可用来灌溉植物
对页上图：人们从公园绿道上的亭子走过
对页下图：生长于滞水区的植物

上图：东区城市公园全景图

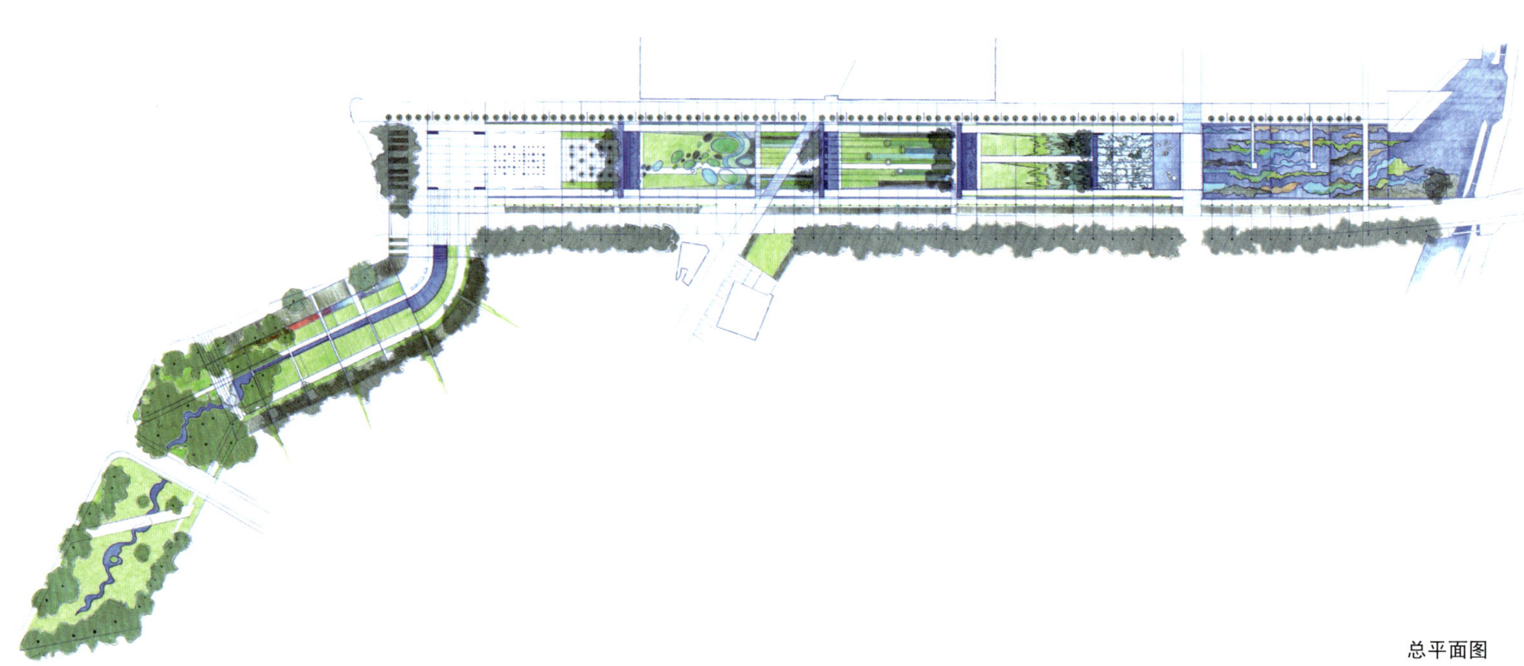

总平面图

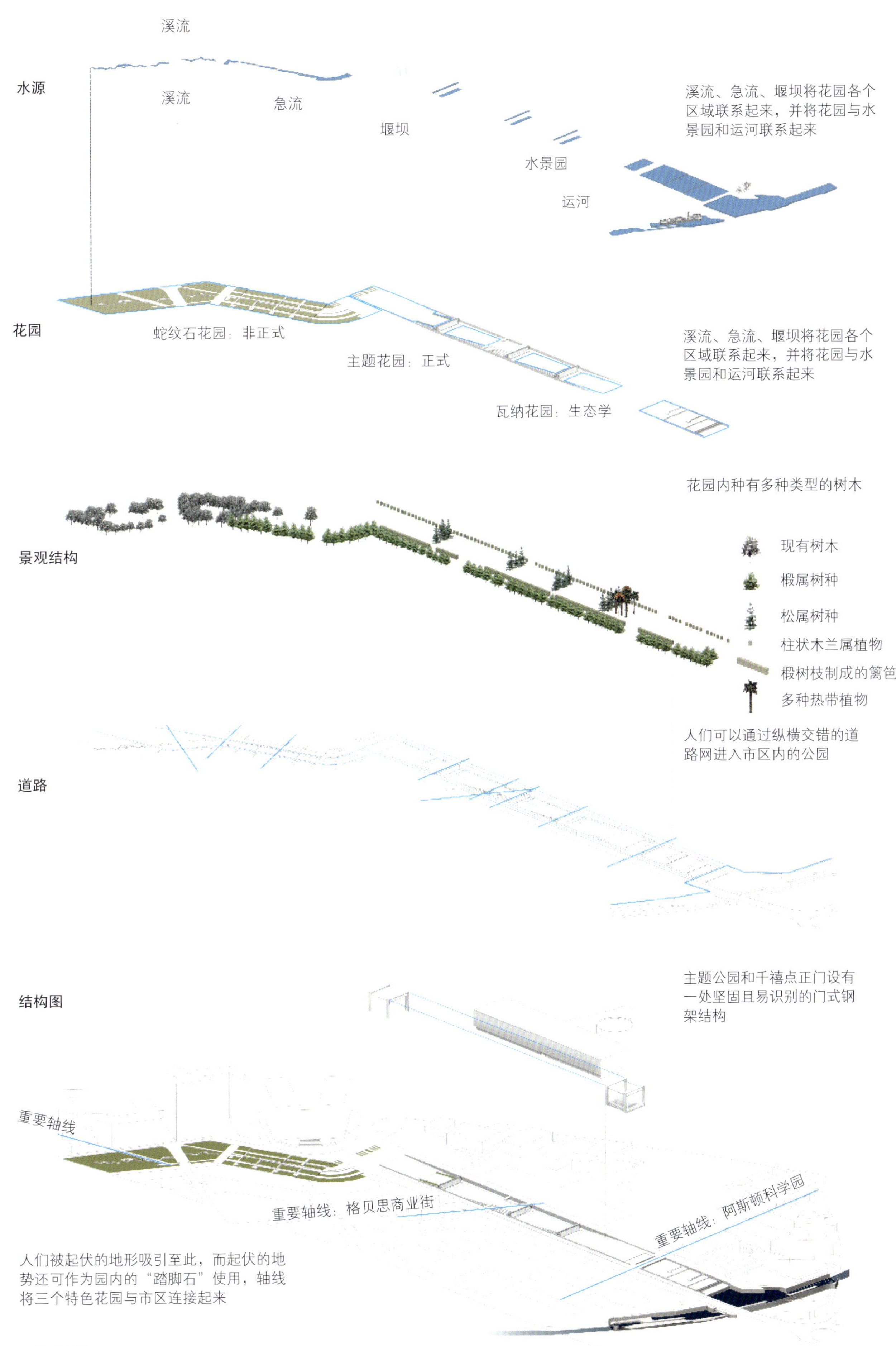

溪流
水源
溪流
急流
堰坝
水景园
运河
溪流、急流、堰坝将花园各个区域联系起来，并将花园与水景园和运河联系起来
花园
蛇纹石花园：非正式
主题花园：正式
瓦纳花园：生态学
溪流、急流、堰坝将花园各个区域联系起来，并将花园与水景园和运河联系起来
花园内种有多种类型的树木
景观结构
现有树木
椴属树种
松属树种
柱状木兰属植物
椴树枝制成的篱笆
多种热带植物
人们可以通过纵横交错的道路网进入市区内的公园
道路
主题公园和千禧点正门设有一处坚固且易识别的门式钢架结构
结构图
重要轴线
重要轴线：格贝思商业街
重要轴线：阿斯顿科学园
人们被起伏的地形吸引至此，而起伏的地势还可作为园内的“踏脚石”使用，轴线将三个特色花园与市区连接起来
连接处地势

吉恩8号绿色环城高速公路

项目地点：休斯顿市，美国
项目面积：93 公顷（230 英亩）
建成时间：2008 年
景观设计：阿萨库拉 · 罗宾逊（Asakura Robinson）设计公司
项目预算：520 万美元
摄影：G. 里昂（G.Lyon）摄影公司
委托方：哈里斯郡二区

93 公顷（230 英亩）的吉恩 8 号绿色环城高速公路区域公园是快速发展的大休斯顿地区可持续发展的成功范例。位于休斯顿东北部的吉恩 8 号绿色环城高速公路区域公园是哈里斯郡工程处、哈里斯郡 2 分区及哈里斯郡防洪管理局合作修建的公园，旨在将这一生物多样性的生态功能区改造为具备蓄洪功能的区域公园。

采用注重可持续性低影响开发技术的战略规划方案，对该区域的发展至关重要。该战略规划方案的显著特征是修建与休斯顿公共水系及南部加尔维斯顿湾相连接的蓄洪水库和卡朋特河口。

为了符合绿色建筑评估体系（LEED）的认证流程，区域公园的设计采用了可持续性的施工方案、本地原料、节能设备，提高了水资源利用效率，降低了项目的寿命周期维护费用。

由美国绿色建筑委员会发起的绿色建筑评估体系是国际公认的环保型设计和施工标准。环保特征之一是采用可回收再利用的本地制造的施工材料，这些施工材料包括常见的石笼板凳、坡道、旋转墙及竞技墙的可回收再利用的混凝土碎石。施工方将该项目中超过 90%的施工废料移出填埋区，进行回收再利用。

总体规划图

1. 通往谢尔登水库州立公园的区域道路
2. 保护区
3. 滞水池
4. 区域道路
5. 北侧入口
6. 自由湖分支
7. 湖区 / 湿地
8. 卡朋特河口
9. 湿地
10. 运动场
11. 球场
12. 滞水池
13. 通往加莱纳帕克中学的区域道路
14. 公寓
15. 蜿蜒的河道
16. 自行车越野车道
17. 预备停车场
18. 8 号环城高速公路南入口

核心地区：
自行车越野赛道
竞技场
多功能建筑 / 公共洗手间
网球场
篮球场
滑板公园
烧烤 / 野餐区
烧烤 / 野餐区
儿童游乐园
运动场
海上滑行
2 英里（3.22 千米）的慢跑道
停车场

区域公园内的节水设施为公园增色不少，这些节水设施包括飞溅水上公园内的循环泵、用来浇灌原生植物的低水位虹吸灌溉系统、卫生间内的感应冲水装置及无水小便器。这一深受公众青睐的区域公园于 2008 年建成，是哈里斯郡第一个通过绿色建筑评估体系认证的公园，同时也是由公众参与修建的公园可持续性规划设计的范例。

社会受益

在公众参与过程中，设计团队、筹划指导委员会及公共机构人员认为区域公园的设计应主要面向青少年群体；在公园设计中，“迷惘的一代”通常被忽视。区域公园的核心设施融入了“极限公园”的设计理念，这些核心设施包括宽阔的滑板区、自行车越野车道、旋转墙、儿童游乐园、飞溅水上公园、竞技场、篮球场、网球场、烧烤坑、野餐桌、多功能卫生间、多功能会议大楼、绿化带及停车场。“在运动中冒险”的主题贯穿于整个区域公园的设计中。

美观度与功能性

总体规划对现有的自然区进行保护，保持现有的滞水能力，保护野生动物，并为来访者营造出一种视觉的美感。区域公园内现有的卡朋特河岸、湿地、林地均受到保护。这些区域的特性通过排水系统、滞水系统及原生栖息地展现出来。为了增加植被的美观度和生态功能性，设计师在区域公园内种植了原生野草、野花及岸栖植物。

低影响开发技术与雨洪管理

设计团队采用多种雨水渗透的方法缓解园内和园外雨水排水口的压力，这些方法包括种植原生的草原野草、修设由混凝土及乱石筑成的护堤和改造生长有原生植被、带有生物滞留洼地的弯曲流河。

1. 8 号环城高速公路入口
2. 8 号环城高速公路
3. 湿地
4. 卫星追踪程序
5. 自由湖分支
6. 吉恩 8 号绿色环城高速公路区域公园一期工程
7. 核心地区
8. 滞水池
9. 卡朋特河口
10. 吉恩 8 号绿色环城高速公路区域公园二期工程

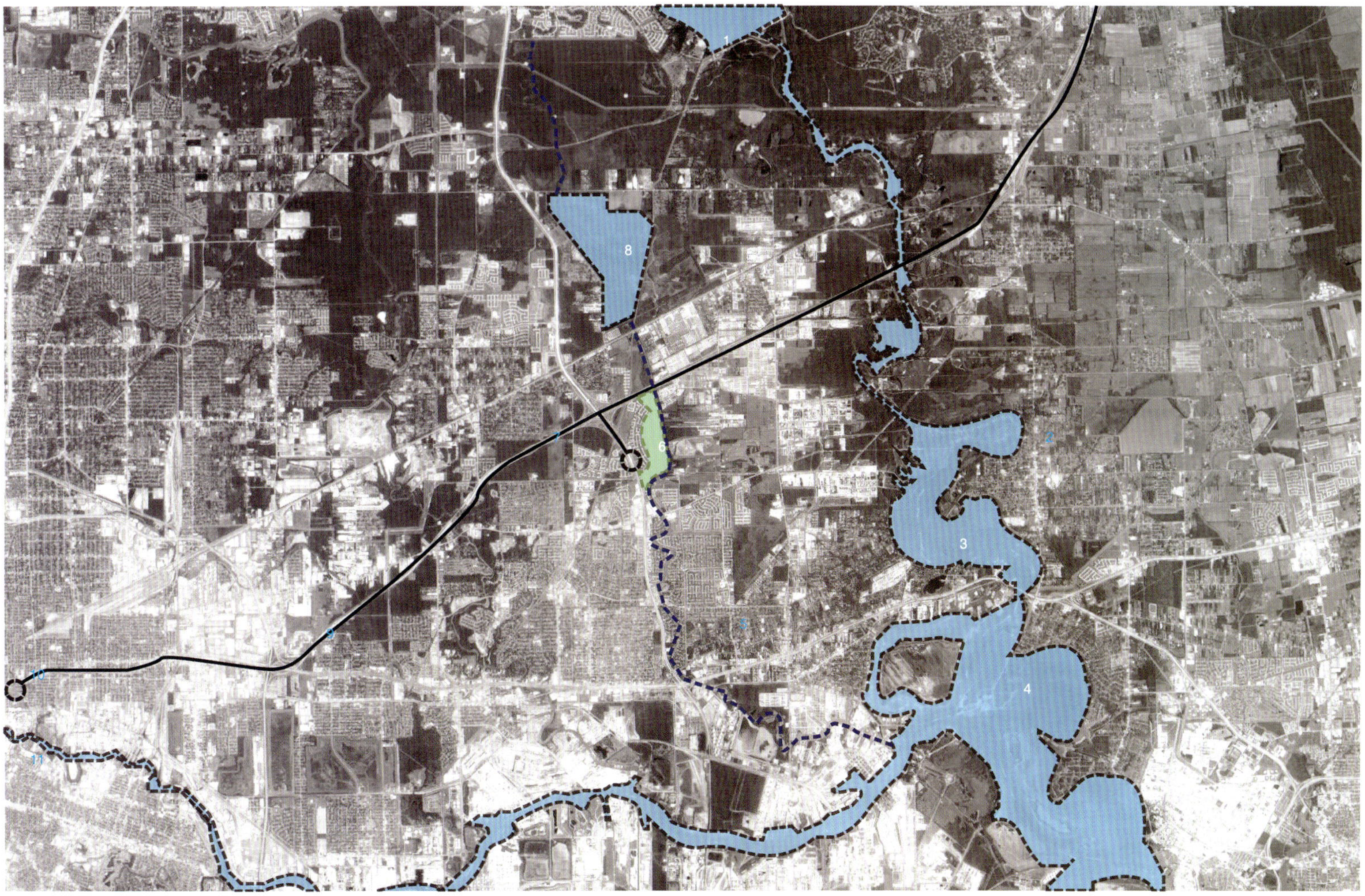

吉恩 8 号绿色环城高速公路区域公园位于休斯顿东北部。公园毗邻卡朋特河口，并与谢尔登水库和布法罗河口相连。区域公园项目与 1997 年开始动工，哈里斯郡 2 分区及哈里斯郡防洪管理局将这一生物多样性的生态功能区改造为多功能的区域公园。

1. 休斯顿湖区
2. 凯瑟琳 · J. 惠特迈尔自然保护区
3. 大熊湖
4. 伯奈特湾
5. 卡朋特河口
6. 所在地
7. 22 分钟的车程
8. 谢尔登水库
9. 克罗斯比高速公路
10. 休斯顿市中心
11. 布法罗河口

上图：雨水收集植物池
下图：7月4日美国独立日当天燃放烟花的场景：人们坐在宽阔的石笼墙上观看烟花表演

描述：多样化的滤水设施减轻了场地内外雨水排水口的压力。除了运用滤水和排水技术外，原生牧草、回收利用的混凝土堆石护坡、蜿蜒的小溪、原生植被和生态洼地也可以过滤和净化雨水。

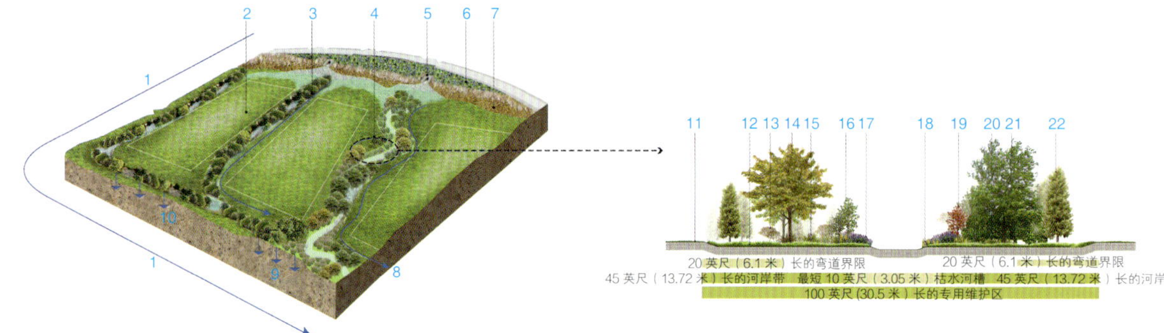

1. 水流
2. 多功能运动场
3. 排水洼地
4. 蜿蜒的河道
5. 民用雨水排水口
6. 野花
7. 大片草场 / 雨水过滤器
8. 谢尔登水库
9. 降低流量
10. 增加渗透量
11. 低地草场
12. 百慕大草坪
13. 朱砂玉兰花
14. 纳氏栎
15. 高大的麦冬属植物
16. 水白桦
17. 卡特莱・鲁埃拉
18. 橐吾属植物
19. 绉纱风旅馆
20. 麦冬属植物
21. 墨西哥柏树
22. 美国水松

日间项目工程

1. 自行车越野车道
2. 儿童游乐场
3. 滑板公园
4. 运动场
5. 自行车越野车道
6. 2 英里（3.22 千米）的环道
7. 飞溅水上公园
8. 多功能建筑
9. 竞技场

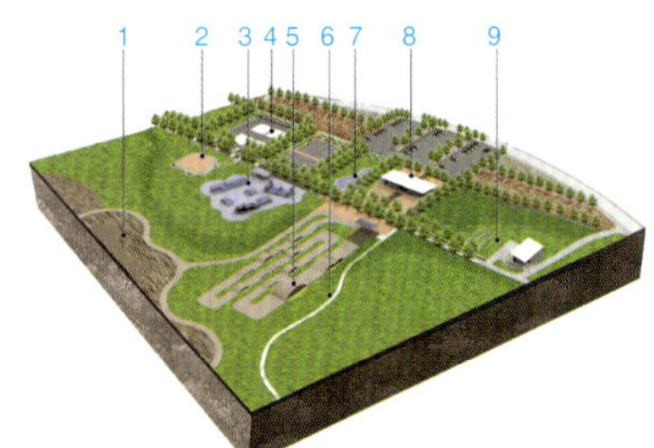

区域公园的设计主要面向青少年群体；在公园设计中，“迷惘的一代”通常被忽视。

应对常规洪水情况

1. 洪水水位线
2. 滞水池
3. 步道两边的原生树木
4. 生态草沟
5. 原生野花
6. 原生草场 / 雨水过滤器

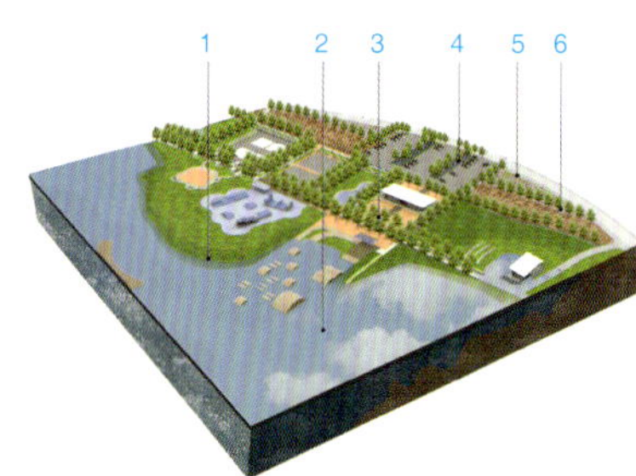

如遇常规洪水情况，区域公园便起到滞水池的作用，增加雨水渗透量的同时补充地下水供给。
自行车越野车道被淹没，洪水成为自然景观的一部分，而洪水水位线上的其他公园设施仍可正常运行。

应对暴雨洪涝情况

1. 安全洪水水位线
2. 最高点

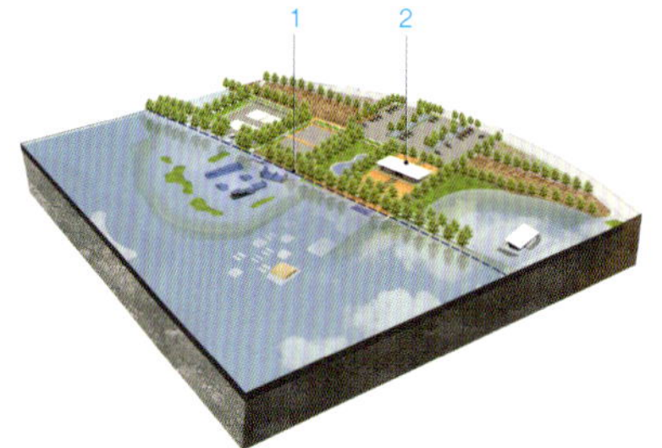

如遇暴雨洪涝情况，自行车越野车道、滑板公园及其他低地区域均被淹没。设定安全洪水水位线，以确保建筑及其他价值不菲的便利设施不会被洪水淹没。

上图：滞洪区内的石笼墙座表演舞台
对页上图：多功能建筑，建筑墙面由石笼筑成

飞溅水上公园内草坪上的旋转墙

1. 凹凸起伏的墙面（远处）
2. 起伏的百慕大草坪（远处）
3. 6 英寸 (15.24 厘米) 宽的鹅卵石边道
4. 压实路基
5. 常见的百慕大草坪
6. 压实路基
7. 7 英寸（17.78 厘米）厚的预制墙
8. 再生混凝土
9. 9 号计量器——尺寸为 3 英寸 ×3 英寸（7.62 厘米 ×7.62 厘米）的焊接铁丝网热浸镀锌
10. 百慕大草坪
11. 6 英寸（15.24 厘米）宽的混凝土路缘石
12. 沥青铺成的停车场
13. 黑色塑料栅栏
14. 无纺布隔泥纺织物料
15. 3 英寸（7.62 厘米）宽的碎石垫层

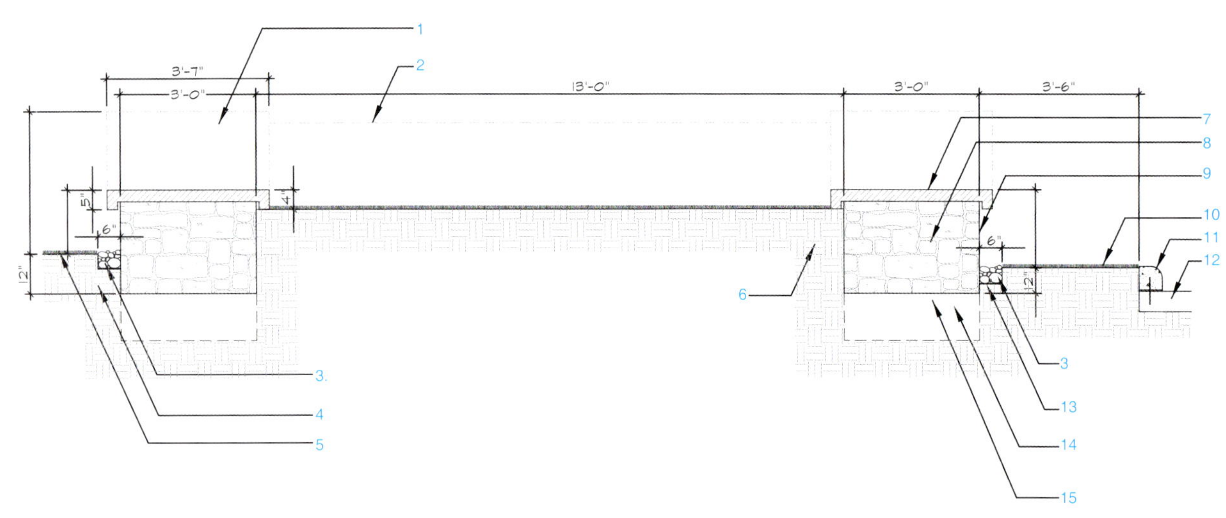

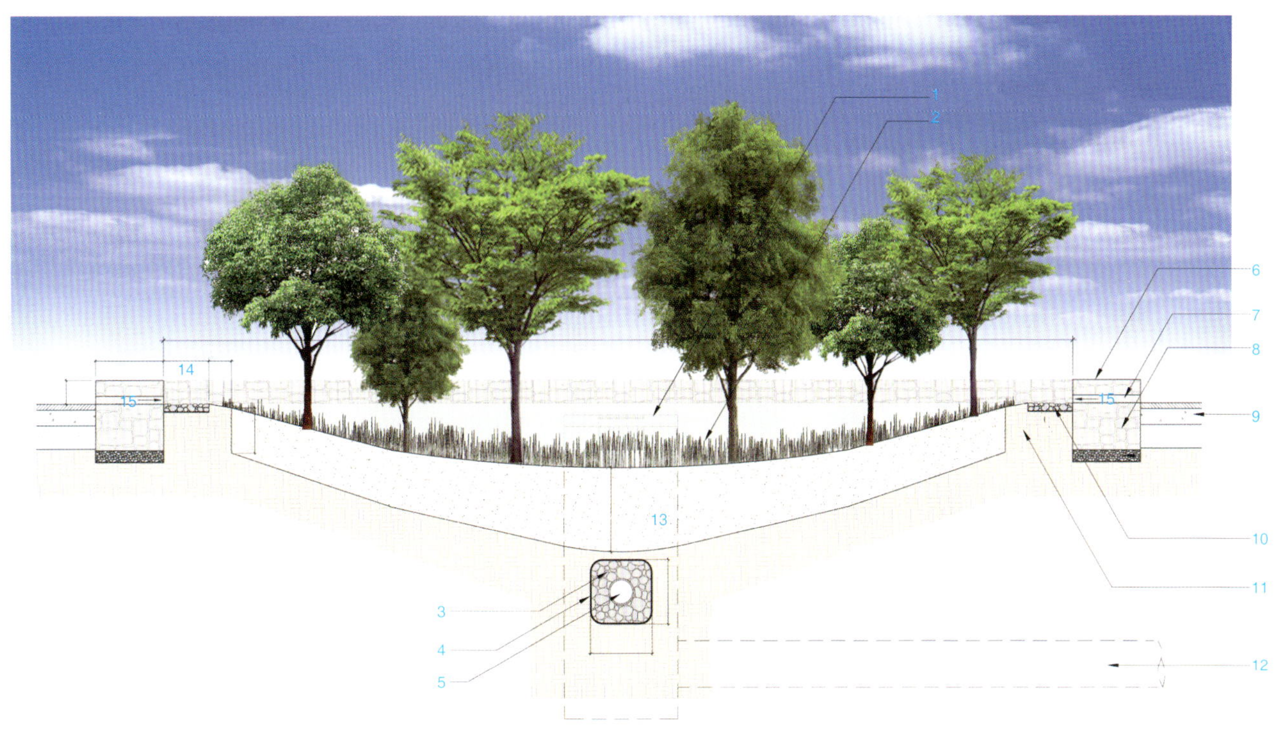

1. 溢流出口
2. 植被
3. 碎石层
4. 过滤织物
5. 多孔管
6. 路边石过滤层
7. 排水管
8. 再生混凝土
9. 停车场
10. 边缘过滤
11. 压实区域
12. 雨水管
13. 土壤层
14. 多功能复合层
15. 坡面

上图：石笼墙一直延伸到滞洪区内穿行的小径
对页上图：孩子在起伏的石笼墙上嬉戏玩耍

弯曲溪流植物

1. 河岸区，溪水植物混合区
2. 草原植物
3. 溪流植物
4. 溪流维护区
5. 低流速区
6. 溪流线中央
7. 河岸带
8. 河岸带，溪流树木混合区
9. 百慕大草

雨洪管理

下雨时，部分雨水可以被铺设有未压实土壤、沙子或砾石的植被区等透水路面吸收。然而，过多的雨水，也被称为暴雨，会带来过多的雨水径流，这些雨水径流将会从屋顶、人行道、街道等不透水表面流向别处，有碍自然渗透。当雨水径流急速直流入最近的雨水沟时，暴雨便引发了更为严重的问题。未经恰当处理的雨水直接流入排水沟，严重地污染了这一区域的水质。城市中的不透水表面越多，受到污染的雨水便越多，这些雨水将流入城市的排水系统，给城市基础设施网路带来极大的负担。本章收录的所有案例均对雨水管理设计技术进行了概述，通过管理雨水径流，这些设计技术不仅保护和改善了当地的排水系统，同时也减少了城市对地下基础设施建设的依赖性。

波特凯尼生态区

项目地点 / 法国南特市
景观设计 / APBD 工作室
所获奖项 / 2011 年罗伯特·奥泽尔（Robert Auzelle）城市艺术奖

邻近地区的雨水通过水渠和管道汇集于此处。道路的修设推动了工程项目的进展。规划后的道路不仅可以收集雨水径流，还可以供行人、骑车者和车辆通行。超过 50% 的窗外公共区域被绿色植被覆盖，以缓解由全球气温升高引发的局部区域变暖的情况，并为生态区增添生态景观。 这片土地上留有很多过去人类在此活动的痕迹，其中便有可以储存水源的水库。水库与水井相连，是这片区域的一大特色。除了保留和修复其中的几处水库之外，设计师打算利用风能或其他清洁自然能源为园区供水。设计师在这片区域上设置了多个涡轮机，以抬高区域内各处的水位。这片区域内一共设有七个涡轮机，其中四个用来浇灌蔬菜园，余下的三个用来在干旱期为水渠补充水源。新设的街道和小巷彼此相连，为行人及交通的软流动搭建了道路网。汇集此处的径流沿着街道流入主水渠，主水渠可以储存径流，应对十年一遇的特大洪水。雨水收集池内种有柳树、赤杨树、白蜡树等喜湿植物及芦苇属多年生混合植物。这些植被可以在雨水排入河道之前对雨水进行净化。

泰利绿色生态走廊

项目地点：索恩河畔沙隆，法国
项目面积：134 公顷（331 英亩）
建成时间：2013 年
景观设计：宇比库斯事务所（Urbicus Ltd）
项目预算：未知
摄影：查尔斯 · 德尔古（Charles Delcourt）
委托方：勃垦地区

在凯洛索恩镇的入口处修建医院、医疗中心及环城公路路口，首先需要对整个普莱尔地区进行研究，还需要对所有的公共空间及交通走廊的布局进行再次规划。

泰利绿色生态走廊位于泰利山谷的自然区内，这里最初是位于铁路基础设施边的及洪水泛滥区内的垃圾填埋点。该项目面临的挑战是在控制污染、抵御洪水的同时对泰利公园进行改造。

泰利绿色生态走廊将城镇入口处的便利设施与公共空间连接起来。绿色走廊不但为附近的医院营造了一处绿色空间，而且推动了泰利山谷与新建空间的生物多样化发展。规划后的杜里恩队长大街（Rue du Capitaine Drillien）仅限公交巴士和非机动车辆通行。杜里恩队长大街上安装有可供选择的地表水径流管理系统。

泰利公园可以调节河流水位：早先与公园形成的湿地可以在很大程度上接纳来自于夏隆内（Chalonnaise）环城公路上的雨水径流。为了储存雨水，设计师还增设了雨水渠。道路两侧的池塘隔街相望，在南区的湿地与医院之间营造出一种视觉的连续性。

在与钓鱼协会和政府部门进行商讨后，设计师最后决定在池塘边种植水生植物。北边的池塘可以汇集医院屋顶上的雨水。为应对各种各样的污染（煤渣、重金属、杂填土、非法倾倒），泰利公园开展了大范围的土壤处理工程，范围之广、动作之大就如同在清除一种难以根除的杂草——日本紫菀杂草。土壤处理工程也因此被纳入整体规划设计中，在最大限度地减少土方量、使用土地利用模型的同时，确保工程的安全性。

总体规划图

上图：泰利公园内的自然景致
中图：泰利公园的地势可以应对洪水
下图：泰利公园是城市的入口
对页上图：泰利公园内的杜里恩队长大街仅限公交巴士和非机动车辆通行

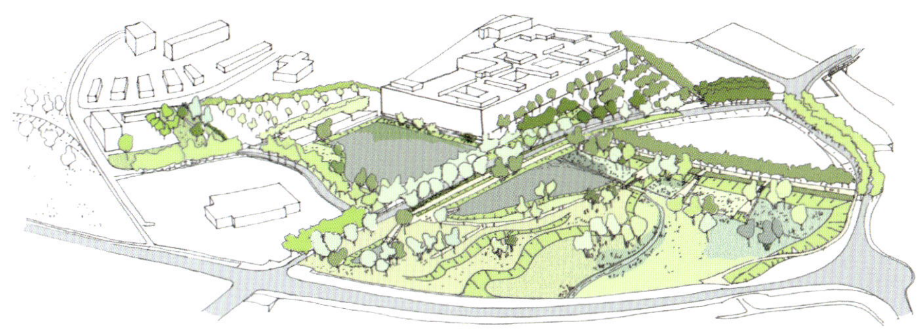

总截面图

上图：南边的池塘与现有湿地相连

公园中两个主要的水池

上图：公园的主要区域由河漫滩组成

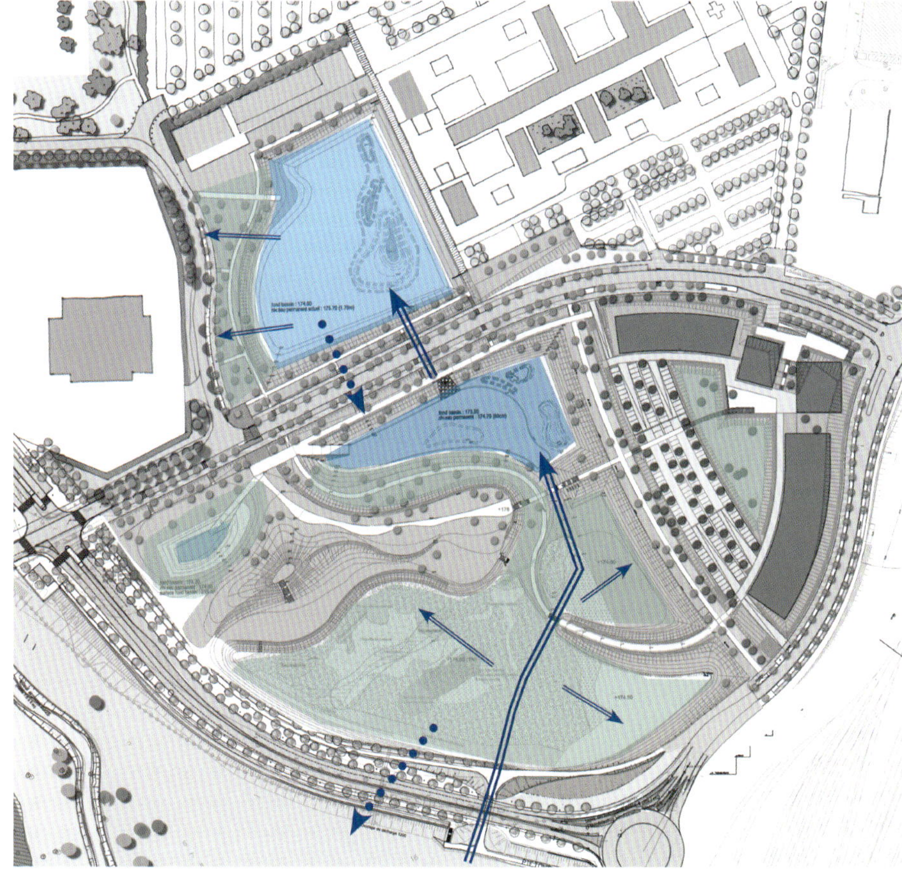

雨洪流向示意图

上图：坐落于池塘边的查隆斯医院（布鲁内特·索尼尔建筑师事务所）
下图：起伏的地势有助于场地内挖掘残土的清理
对页上图：北边的钓鱼塘映衬出查隆斯医院的倒影
对页中图：泰利公园内的池塘景色优美、视野开阔
对页下图：杜里恩队长大街强调布局的自然特性

宁波生态走廊

项目地点： 宁波，中国
项目面积： 一期 22.66 公顷 (56 英亩)
建成时间： 2013 年
景观设计： SWA 集团
项目预算： 未知
摄影： 汤姆 · 福克斯，杰克 · 吴
委托方： 宁波规划局东部新城发展委员会

宁波运河系统一直以来承担着防洪、灌溉和运输三项任务。生态走廊区内的运河由于转作工业用途，又缺乏有效分区和对污染的控制，导致运河水质严重恶化。

随着工厂的大批兴建，施工挖掘出的受污染的土壤被非法任意倾倒，工厂污水未经处理就随着雨水径流排入运河，并滞留在河水里。

要想达到预期效果，需要收集大量的数据。因此，主要的景观设计师协同相关顾问 (水质学家、湿地专家和水文工程师) 展开了详细彻底的调查分析，充分了解当地状况、测绘出水文循环图和自然水流分布图、对潜在的协同效应进行预判。

实施：打造“活体过滤器”

通过分析，设计师和相关专家提出了修建微型长江生态区的构想。在地势相对较低的山坡间建造水道网络以改善运河水质，将雨水径流引入新开发区域，修建河岸带为野生生物提供栖息地，为新居民提供兼具休闲娱乐和教育教学功能的场所。

水文：蜿蜒的新水道提升水文功能

目前缺乏系统规划的无出口运河将不复存在，取而代之的是许多自由流动的小河、小溪还有池塘、沼泽。它们水流蜿蜒而缓慢，几乎还原了低地河漫滩的原始状态，以辅助重建原生生态环境。通过创新的生物修复技术模拟本土生态过程，新建成的水道可以改善运河水质，目前运河中的水属于最差的第五类水，仅适于工业用水和农田灌溉，净化后可达到适宜生态修复和人们休闲娱乐使用的第三类水。

地形：丘陵山谷系统引导水流方向

通过对周边开发区的开挖与填埋，整个生态走廊区就成了地势起伏的山丘和山谷。这些山丘山谷都是精心排布的，顺着山谷形成的水道不仅可以通过沉积、曝气和生物过程去除污染物，还为含水层的补给提供了保障，在其流动过程中，也形成了多种不同的水体形态。

植被：本地植物净化水质，营造生活环境

在地势起伏的景观区，落叶树种和常绿树种的战略布局体现了设计师对美学、规划、生态和气候的综合考虑。大力种植本地植被将帮助走廊重建多样的植被群落，吸引野生动物栖息于此。

河岸的植被、生物洼地和雨水花园可以净化来自附近开发区、其他建筑区等硬质景观的雨水。植物选择营造了独特的地域感：随着地势的变化，植被种类呈现组群差异，根据植物的不同高度、形态和颜色呈现出独特的空间格局。

上图：阶地上盛开的野花
对页上图：水上花园内的木栈道

与城市结构融为一体

生态走廊支撑着宁波新城的开放空间系统，将土地划为多种用途，并将它们联系在一起。生态走廊全长 3.3 千米 (2 英里)，与周围城市结构和自然体系完美相合。这条绿色丝带与周围景观交相辉映，相得益彰。宁波生态走廊通过修复该区生态网络为原生动植物提供了栖息地，改善了公共环境，为当地和附近居民营造出一个乐趣无限的公共空间，表明中外可持续发展已经走上了一个新的台阶。

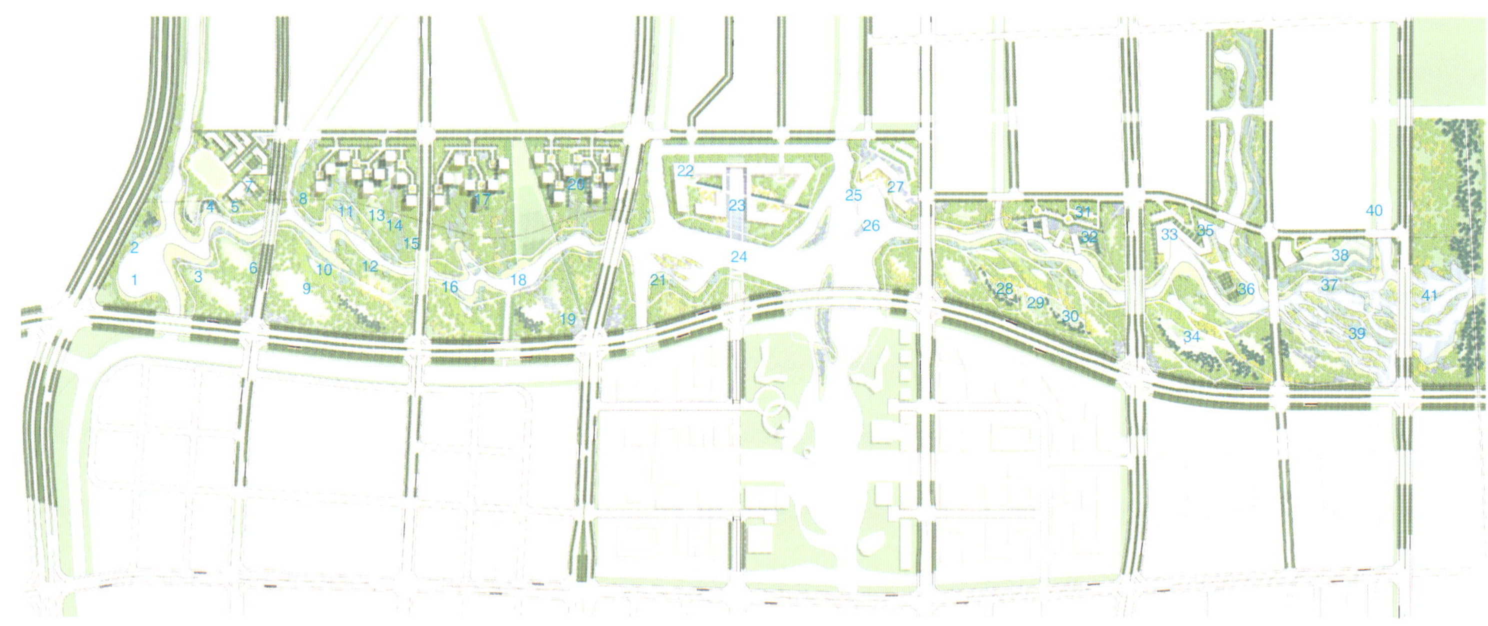

景观总体规划图

1. 液体的充气喷嘴
2. 水体扩展
3. 山丘上的风车
4. 户外教学空间
5. 成人研究中心
6. 地下垃圾处理设施
7. 学校
8. 野餐区
9. 地景步行桥
10. 生态滞水池
11. 生物池
12. 养生花园
13. 沙滩排球场
14. 儿童游乐场
15. 生态干河谷
16. 设有自行车道的环形步道
17. 高层建筑区
18. 溪流之上的步行桥
19. 水泵房设施
20. 户外游泳池
21. 雕塑花园
22. 校园
23. 水源净化系统
24. 步行桥和瞭望台
25. 游船码头
26. 瞭望塔
27. 儿童学习中心
28. 篮球场
29. 滑板公园
30. 排球场
31. 停车场
32. 社区村庄
33. 滨水平台
34. 攀岩区
35. 邻里中心
36. 自然研究中心
37. 闲置湿地
38. 社区花园
39. 栈道
40. 滨水步道
41. 原生湿地

上图：从空中俯瞰社区社交广场和操场
对页上图：从空中俯瞰蜿蜒的河岸和天桥

生态区

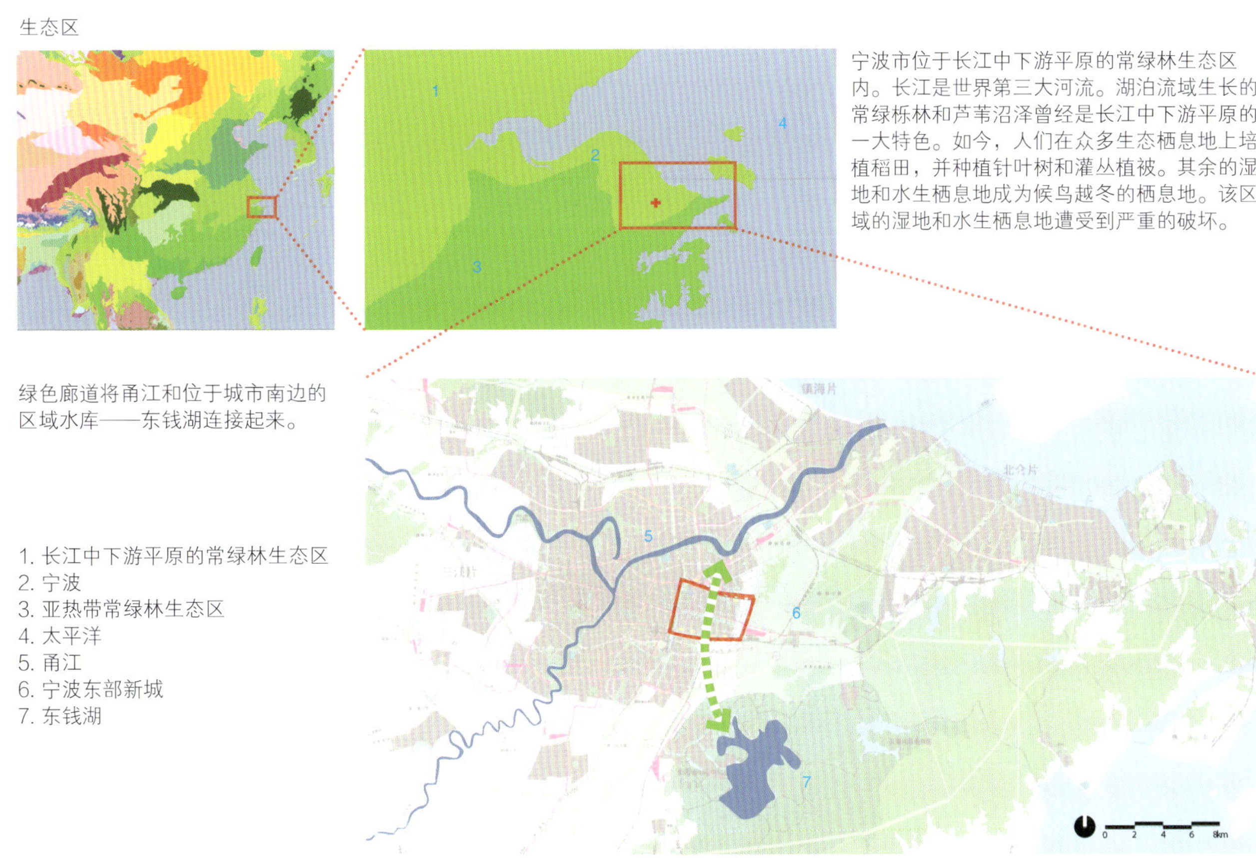

宁波市位于长江中下游平原的常绿林生态区内。长江是世界第三大河流。湖泊流域生长的常绿栎林和芦苇沼泽曾经是长江中下游平原的一大特色。如今，人们在众多生态栖息地上培植稻田，并种植针叶树和灌丛植被。其余的湿地和水生栖息地成为候鸟越冬的栖息地。该区域的湿地和水生栖息地遭受到严重的破坏。

绿色廊道将甬江和位于城市南边的区域水库——东钱湖连接起来。

1. 长江中下游平原的常绿林生态区
2. 宁波
3. 亚热带常绿林生态区
4. 太平洋
5. 甬江
6. 宁波东部新城
7. 东钱湖

湿地和水生栖息地在生态区的保护中占有重要地位，设计团队在认识到这一点后，开始对带有历史和文化色彩的特定场地进行保护。

上图：步道自行车道混合式桥梁给人们提供了亲近自然的机会
对页上图：水上花园内的多样性生态栖息地

水质恶化

环境恶化的栖息地

生态走廊及土地使用规划

过多的建筑废料 / 充填

现有问题

1. 含锡水
2. 工厂和农场的污水排放
3. 濒临灭绝的野生动植物
4. 河岸缓冲带被轮廓边线取代

生态走廊内，由于缺乏对工业用水的有效规划和污染控制措施，宁波地区内有着历史性意义的运河水质严重恶化。

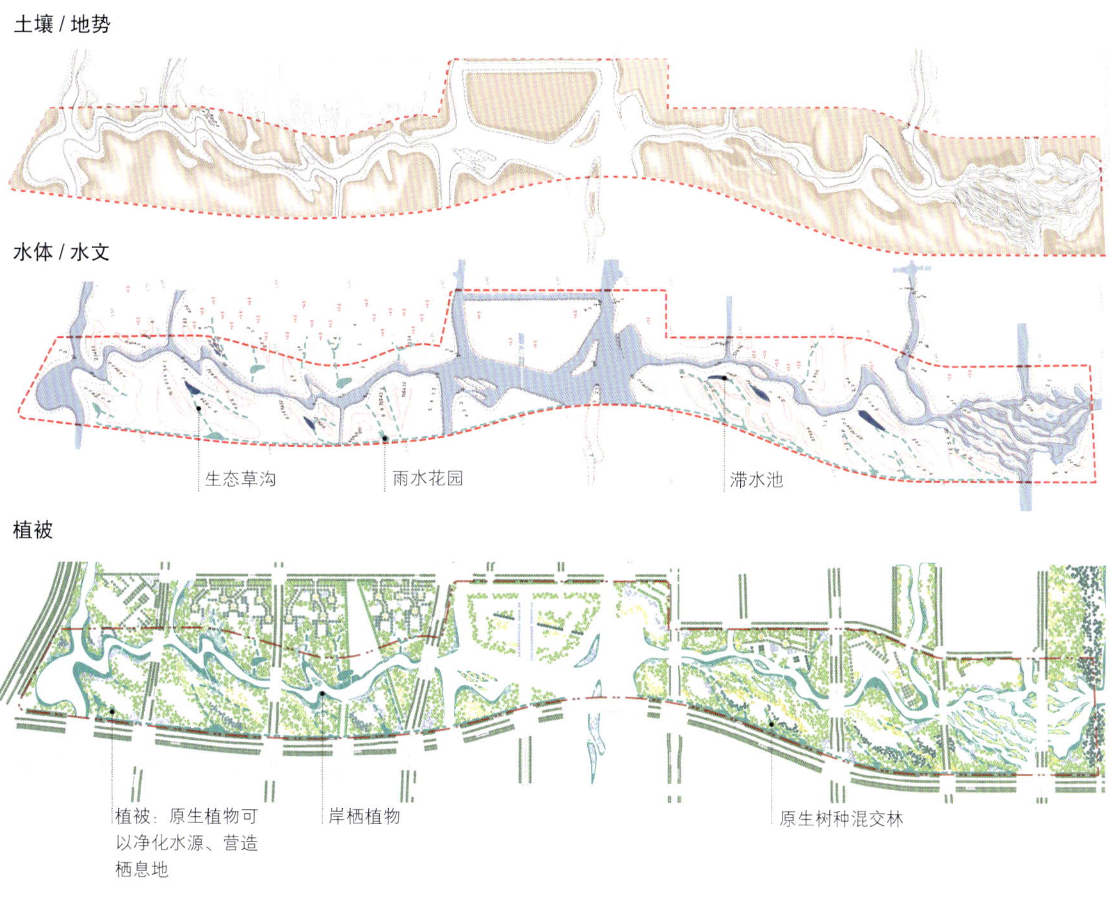

地势 、水文和植被：一条线型的生物过滤带

上图：水上花园内的多样性生态栖息地
对页上图：河岸带——水陆过渡带

水生栖息地

河岸缓冲带 = 野生动植物中心

河岸边的兼性植物群落连接着陆地与水面，可以改善生态系统

原生水生植物

A	B	C
原生 深度小于 0.3m(1')	原生 深度 0.3m(1') 至 0.6m(2')	沉水植物
菖蒲	菖蒲	金鱼藻
石菖蒲	东方泽泻	黑藻
落新妇属植物	落新妇属植物	龙舌草
垂穗苔草	苔属植物	密刺苦草
柄果苔草	泽苔草	苦草
荸荠属植物	透明鳞荸荠	浮水植物 水生植物
萱草	野灯心草	荷花
蝴蝶花	石蒜	白睡莲
翅茎灯芯草	少穗竹	睡莲
萤蔺	芦苇	凤眼莲
萤蔺属植物	野慈菇	眼子草
水葱	萤蔺	纸莎草
狭叶香蒲	东亚黑三棱	
	茭白品种	

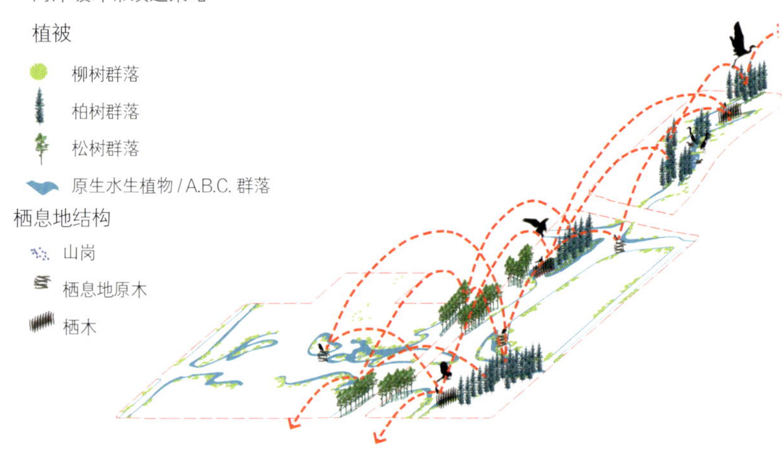

河岸缓冲带剖面图

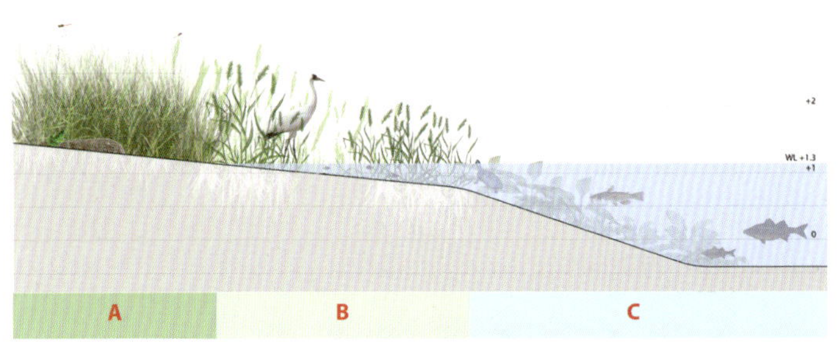

河岸缓冲带替代了现有的生长有植被的防渗河堤。河岸植被营造出一片绿色的缓冲带和水生栖息地，帮助净化运河水和雨水径流。

栖息地原木：河床上的原木使河道情况极为复杂，可以减少水流对河道的侵蚀，并为水生物种提供养料和遮蔽。

栖木：鸟类休息的树枝。腐烂的木头最终成为昆虫的栖息地，转而为鸟类提供食物。

设计师在河岸边设置了栖息地原木和栖木等野生动植物的栖境结构，以保护栖息地物种的多样性。

上图：景观区内的小径
对页上图：景观区内生长着多样的植物，这些植物随季节的变化而变化，给人们带来丰富的身心体验

再生混凝土到制成的透水路面

使用建筑废料

在认识到这一可持续发展的机会后，设计团队利用周边城市发展带来的废弃混凝土和土壤，打造造景地貌引流河水，为城市环境提供缓冲区和观景平台，增加栖息地生物的多样性。

使用额外的装填物

1. 装填物
2. 水位最高点 1.57 米（5.2 英尺）
3. 水位最低点 0.87 米（2.9 英尺）

水质测试 & 取样

目标：改善水质，将第 V 类水净化为第 III 类水

现有	第五类水	第三类水	单位
溶解氧	2.48	5.0	PPM
生物需氧量	7.16	4.0	MG/L
化学吸氧量	38.00	15.0	MG/L
可溶性固体	20.00	15.0	MG/L
氨气	5.53	1.0	MG/L

对策

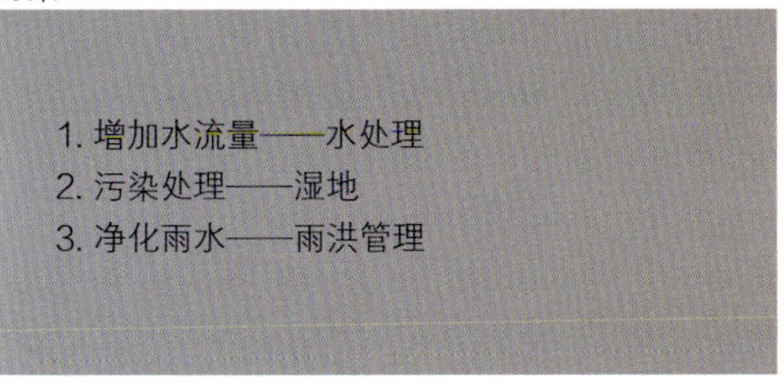

1. 增加水流量——水处理
2. 污染处理——湿地
3. 净化雨水——雨洪管理

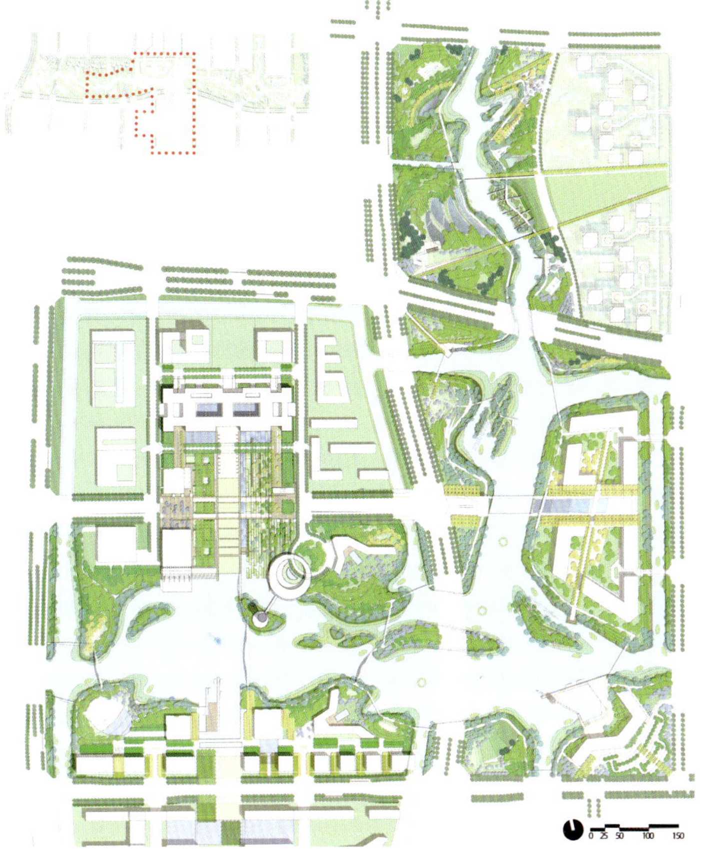

对水文循环和天然水流进行水质取样，改善水质，将第五类水净化为第三类水，以为休闲娱乐活动提供合格水源。

上图：草丛中盛开的花卉
下图：雨水花园内的踏脚石
对页上图：木栈道和观鸟棚
对页左下图：用来进行科普教育的河岸带
对页右下图：凉亭和公园便利设施

里弗斯博彩俱乐部与河畔公园

项目地点： 匹兹堡市，美国
项目面积： 5 公顷（13 英亩）
建成时间： 2009 年
景观设计： Strada 工作室
项目预算： 未知
摄影： 丹尼斯 · 马斯卡，布莱德 · 芬卡诺普（Dennis Marsico Brad Feinknopf）
委托方： 浩德控股（Holdings Acquisitions）

里弗斯博彩俱乐部与河畔公园项目的所在位置曾经建有一座废旧的钢厂，现在是俄亥俄河边的一处棕地。

里弗斯博彩俱乐部和河畔公园于 2009 年建成，是匹兹堡市河畔改造工程的重要组成部分。博彩俱乐部和河畔公园内设有多处餐饮、娱乐及博彩设施，是北岸地区一处新的休闲娱乐场所。人们可以在此处观赏到匹兹堡市及美国三河流域的全貌。

该项目最初的设计目标是为此处的公共空间修建一栋建筑，这种设计理念在博彩设计行业极不寻常。设计师利用内德拉姆酒吧和河畔公园内户外竞技场将建筑与周围的环境和景致很好地结合起来。

博彩俱乐部和河畔公园项目的修建推动了三河公园的发展。河畔公园内的步行道的长度超过 40 千米（25 英里），从河畔公园一直延伸至三河公园内的步行道。

与河畔公园内的其他步行道一样，此处的步行道可以引领着骑车者和行人穿过这片曾经是钢厂和火车站台的区域。河畔公园的一个重要特征是布满青草的阶梯式竞技场，人们可以在竞技场内开展户外演出活动和聚会活动。

上图：地势随河道边坡缓慢下移，植栽设计也从较为刻板的风格过渡到自然主义风格
下图：在不举办户外演出活动和聚会活动时，人们可以在草坪竞技场上欣赏河道景观

河畔公园不仅是一处新建成的公共空间，还是匹兹堡市的生态资产。河畔公园内生长有原生的野花和野草，可以抵御雨水的侵蚀。而复杂的雨洪管理系统也是景观设计的一部分。

停车场内的雨水经隔油池或隔水池、雨水过滤池流入街道排水系统，屋顶处的雨水汇流进一处巨大的冷却滞水池，最后流入俄亥俄河。河畔公园内的所有地表水均会渗入特定植物区内的土壤，为植物的生长提供水分，最后流入河道。雨洪管理综合系统达成了俄亥俄州环境保护局的目标，在防止雨水渗入棕地的同时，改善水源的质量。

上图：改造后的河堤上生长着多种多样的野草、非禾本草本植物、灌木和树木，河岸的自然景观得以恢复

1. 里的斯德尔大街
2. 室内停车场
3. 车库入口
4. 车辆门道
5. 入口
6. 俱乐部
7. 阶地
8. 自行车道
9. 北岸车道
10. 舞台 & 游船码头
11. 竞技场

1. 沉淀物
2. 顶板水
3. 122 厘米（48 英寸）的储水罐
4. 渗透物
5. 横撑

上图：人们可以从河畔公园的步行道远远望见匹兹堡市中心天际线上的高楼
对页上图：设计师为河畔公园修设了可供行人、骑车者同时行进的道路，人们还可以在这片区域开展大型活动

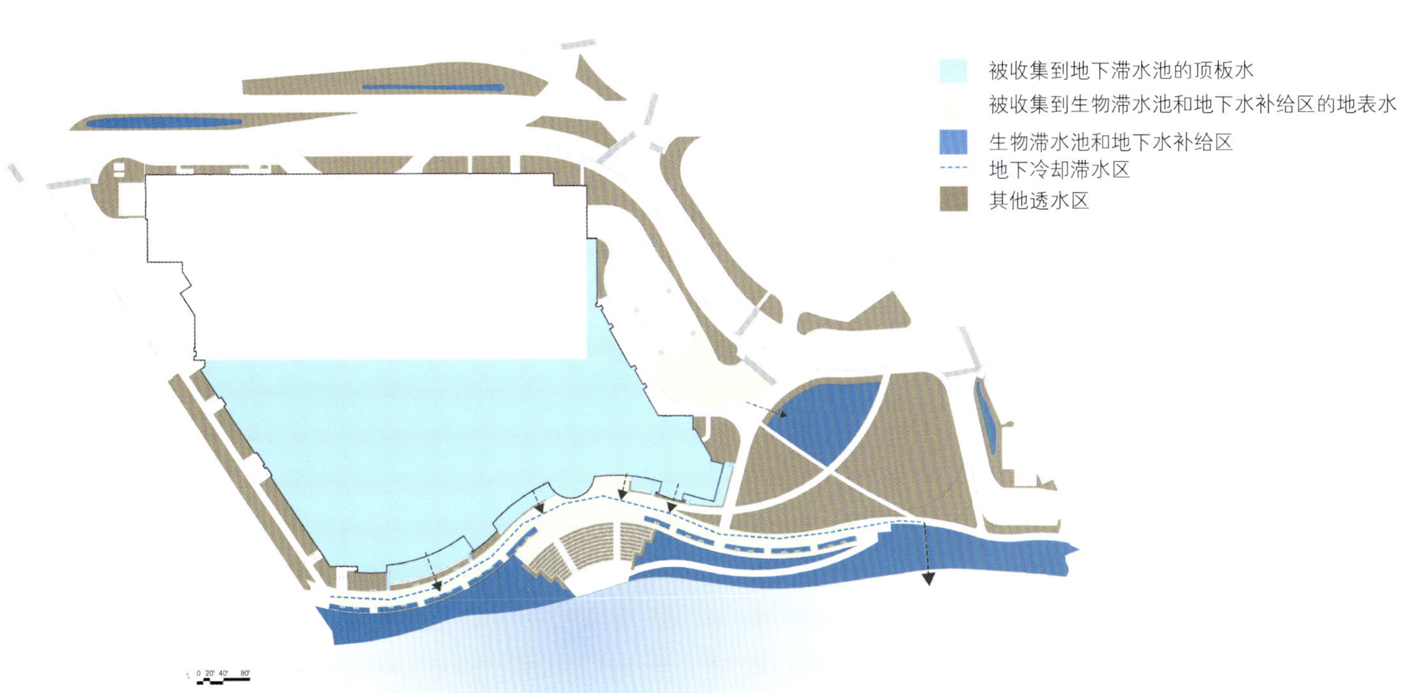

上图：西侧的滨海大道和餐厅露台
下图：演唱会期间的竞技场
对页上图：夜幕下的德拉姆酒吧在枝形吊灯的照射下散发出别样的魅力
对页下图：遥望匹兹堡市中心的夜景

布洛威仕特港口

项目地点： 布洛威仕特市，荷兰
项目面积： 3 公顷（7.4 英亩）
建成时间： 2014 年
景观设计： MD 景观建筑公司
项目预算： 160 万欧元
摄影： 梅勒 · 范迪克（Melle van Dijk）
委托方： 格罗宁根省奥尔丹布特市

码头和海港大厦成为荷兰格罗宁根省布洛威仕特海港区的新中心。对新建海港大厦周围区域进行设计和规划的目的有两个：吸引更多的游客到此旅游和吸引更多的市民到此居住。布洛威仕特海港区目前是一处旅游中心。当计划修建的住宅区完工时，这片区域便会成为布洛威仕特的中心区。设计师在公共空间的设计时便对布洛威仕特海港区未来的双重功能进行了预先的考量。

哈维科威特码头可以停靠 130 艘船。码头平台直接向公共步行道开放。今后，这一连接着码头和海港大厦的宽阔步行道将成为一条住宅区用道。步行道的设计将公共区域和私人空间分隔开来，可以满足人们的多种需求。

步行道向里是一条长为 100 米（328 英尺）的木制步行和骑行桥。这条宽阔的木板路引领着游客从水面穿过，前往沙滩区。沙滩区被设计成一个半封闭的海湾，游客在此处可以欣赏到湖面和码头的美丽景致。

步行道的位置使得沙滩区十分显眼，为周围的居民出入海滩提供方便。与此同时，规划后的步行道地理位置优越，居民活动和游客活动互不冲突。

紧靠步行道而建的海港大厦是布洛威仕特海港区的中心。海港大厦楼内的设施（公共厕所、港务办公室、航海商店及餐厅）可以满足海港区工作人员及沙滩区游客的需求。

设计师在海港大厦外的空地上种植了多种植物，并在海港大厦周围的路面上铺砌石砖，为海港区打造了一处开放式平台。正是因为这样，海港大厦吸引了众多游客和居民到此处游玩和居住。

海港区的开放式设计，使得海港区的平台可以根据太阳的位置前后移动。海港区的设计方式较为灵活，可以满足海港大厦现在以及未来的多种需求。

海港大厦周围种有松树、低矮灌木及开花的多年生植物，设计师参照瓦登海景观设计和沙滩景观设计对这一区域进行规划。海港区的美丽景致吸引了众多游客到此处游玩。

设计师对附近区域的野生植物区进行规划，将在这片野生植物区内设置一处中央绿洲。当计划修建的住宅区完工时，这片区域将会为住宅区营造一处奇特的绿色空间。这里将会吸引更多的游客到此旅游，并吸引更多的市民到此处居住。

上图：停靠船只的海港入口铺设有木板路
对页上图：人们可以从海港大厦俯瞰海港的景致，海港大厦相连建筑的屋顶上种植有多种植物，这些植物与海港大厦周围空地上的植物相同

海港与沙滩总体规划设计图

上图：海港大厦西侧的避风平台
下图：海港区的可移动平台
对页上图：遥望海港区的沙滩景观
对页下图：野生植物区和湖面的美丽景致

达拉斯城市公园

项目地点：达拉斯市，美国
项目面积：2.1 公顷（5.2 英亩）
建成时间：2012 年
景观设计：詹姆斯·伯内特事务所（The Office of James Burnett）
项目预算：1.1 亿美元
摄影：Mei-Chun Jau, 托马斯·麦康奈尔（Thomas McConnell），迪尔斯·狄龙（Dillon Diers），航空摄影公司（Aerial Photography Inc），Liane Rochelle 摄影公司，加里·兹翁科维奇（Gary Zvonkovic）
委托方：伍德奥罗杰斯公园基金会

达拉斯城市公园修建于美国德克萨斯州内最为繁忙的高速公路之上。多年以来，此处的高速公路极大地推动了达拉斯市内两大文化中心的发展。项目的修建将达拉斯市内的各个区域连接起来，不仅缩短了各个区域之间的距离，还为城市打造了一处全新的商业中心。设计师对公园进行规划和设计，使达拉斯城市公园成为极具活力的城市公园。达拉斯城市公园的修建显著地改善了该区域的噪声污染和空气污染程度，促进了该区域商业及文化产业的发展。

此外，城市公园的修建还使得周围房地产的市场价值自开盘以来稳步上升。达拉斯城市公园将城市中心与城市中心周边区域很好地联系起来，成为市中心的重要组成部分。

达拉斯城市公园是连接达拉斯市中心内的中心商业区、住宅区及飞速发展的文化艺术区的重要纽带。城市公园的自然美景将设有公共设施、雨洪基础设施及栽植有树木的土壤遮盖起来。公园内宽阔的步行道可以引导游客前往植物园、设有互动式水景的儿童公园、阅览室、餐厅及设有表演舞台的草坪活动区。步行道从奥利弗大街穿过，一直延伸到运动场、休闲娱乐草坪、植物园及狗园。达拉斯城市公园项目是达拉斯市是最为重要的公共区域，深受市民的青睐。

Deloitte
CHASE

平日里，运动场是人们午餐时间休闲放松的场所。运动场内还设有可移动设施。

上图：流动餐车——由于餐馆当时正在建设中，流动餐车可以临时为人们提供食物——深受人们的欢迎，因而成为这片区域的永久性特征

对页上图：修建于现有高速公路之上的达拉斯城市公园为人们提供了多个可以开展自由活动的户外空间。自 2012 年 10 月开园以来，达拉斯城市公园倍受达拉斯市民的青睐

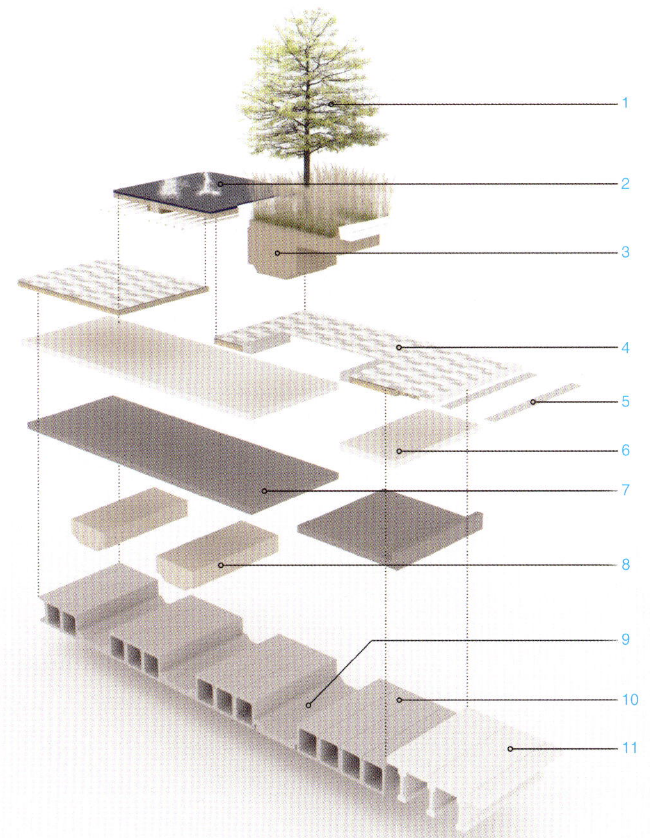

景观设计

1. 种植适合的原生植物和树种，减少需水量，营造栖息地
2. 结构连接简单的便利设施
3. 工程土壤可以平衡土壤生物群落的重量限制
4. 步道铺装体系将结构配件隐藏起来
5. 建在现有甲板上的轻轨轨道
6. 工程结构装填物
7. 并加顶板包含有防水系统
8. 高密度聚乙烯结构装填物
9. 无梁板结构可以容纳树木和公共设施，雨水可以从这里流入别处
10. 预应力箱梁系统
11. 现有的桥梁结构

上图及下图：儿童公园中心设有蝴蝶喷泉，设计师模仿蠕动毛虫蜕变成美丽蝴蝶的过程设计了这座蝴蝶喷泉。起伏的坡道被人造草皮覆盖，为孩子们营造了一处有趣、安全的户外区域，孩子们可以在这里嬉戏玩耍

对页上图：达拉斯城市公园内的树林和拱形结构为公园不仅增强了园内建筑的韵律和节奏，还将公园与附近繁忙的街道隔离开来

对页下图：平日里，运动场是人们午餐时间休闲放松的场所，而且场内还设有可移动设施

芬洛校园景观

项目地点：芬洛市，荷兰
项目面积：0.7 公顷（1.7 英亩）
建成时间：2011 年
景观设计：Carve 景观事务所
项目预算：未知
摄影：Carve 景观事务所
委托方：未知

Carve 景观事务所为荷兰芬洛的一所新建学校设计了室外活动空间。这是一种新型的绿色空间，可以供封闭式、半开放式及常规式三种类型的学校共同使用。

设计师希望在有限的场地中激发出孩子们无限的天赋。三种类型的学校集合在一座建筑物中；学校没有对三种类型的学生进行严格的区分，学生之间可以愉快的沟通和交流。

此处校园景观设计面临的最大挑战是设计一个可以满足停车需要及雨水渗透需要的方案。校园周边需要设置大量的停车位，而停车场将占用大片路面，设计师不希望此处区域仅用于停车场的修建。为此。设计师开发出一种新型的“草砖”，这种草砖是专门为芬洛校园景观项目打造的。

“绿色”和基础设施是两种截然不同的实体，两者很难匹配。今天的城市建设多采用坚冷的岩石，而这种多石的环境严重地影响了城市雨水渗透系统的运行。

设计师曾经多次尝试铺设草石，但均以失败告终。标准的草石很难融入进多彩的砖石路面，而且通常无法达到路面上车辆通行的技术要求。

上图：芬洛校园的室外活动空间
对页上图：芬洛校园周边的停车场

芬洛校园景观项目的设计师不仅需要在有限的区域内修建一处可以满足停车需求的大型停车场，还需要增加这片区域的绿化面积，美化这里的环境。草砖的铺设恰好解决了这个设计难题。设计师为路面打造出统一的外观，草丛可以继续在路面上生长，而且草丛的生长不会受到路面形式或砖石样式的限制。草砖的设计便因此得以发展。

事实上，草砖是一种由高密度聚乙烯制成的空心砖，尺寸与标准的砖石一致，适用于铺设在任何类型的路面上。此外，草砖的铺设有助于改善该区域的雨水渗透情况。目前，草砖已被授予专利。

由于阜砖的外形柔和、美观，而且适用于铺设在任何类型的路面上，可以有效地增加城市的绿化面积。草砖的铺设不会影响道路交通的正常运行，因此，现有的街道也可以铺设草砖。虽然还未曾有设计师对此进行尝试。

图例

边界规划
现有高度
新高度
路面坡度测定
斜坡
游乐场设施

结构

学校 / 体院馆
树木
紧急出口
道路一侧的仓库
户外仓库

凝岩

混凝土路面
混凝土铺地砖
带有木纹的混凝土路面
维护带
入口装饰
低洼地
路面上的标志
泥炭钢筋网
沙丘
木屑片

绿化

现有树木
新栽树木
水蜡树树篱
多年生植物
草坪

设施

围墙
休息处
阻止车辆通行的折叠杆
竹木复合结构
储藏室
自行车停放架

左图：铺设有草砖的停车场
右上图：自行车停车位
右下图：外形美观的草砖

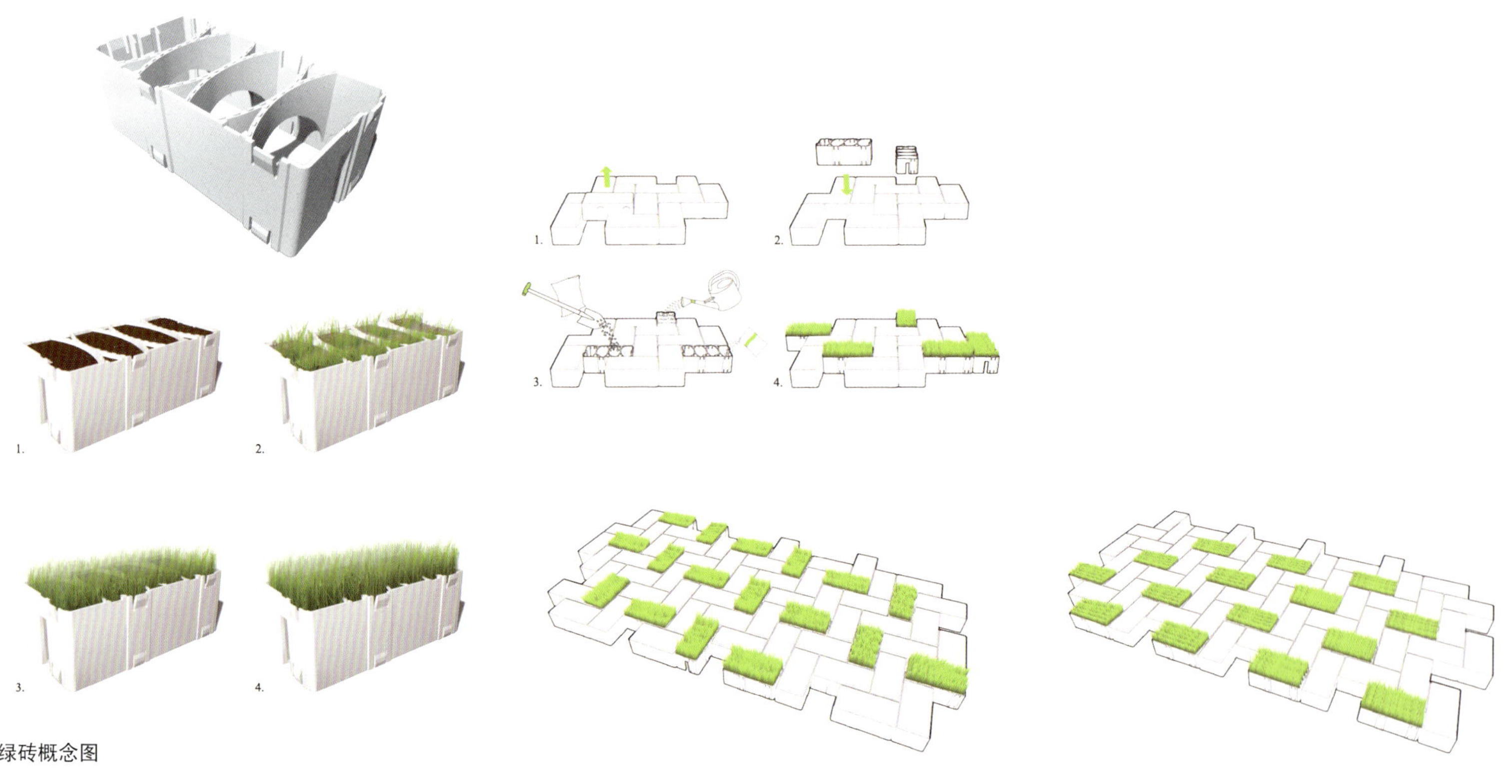

绿砖概念图

上图：篮球场和挡弹墙结构
左下图：专门为幼儿学步区设计的围栏
右下图：幼儿学步区

鞋匠街绿道景观

项目地点： 费城，美国
项目面积： 约 1.11 公顷（2.75 英亩）
建成时间： 2012 年
景观设计： Andropogon 联合有限公司
项目预算： 730 万美元
摄影： 巴雷特 · 多尔蒂 & Andropogon 联合有限公司
委托方： 宾夕法尼亚大学

休梅克绿地占地 1.1 公顷（2.75 英亩），紧靠 33 号街东面，位于沃尔纳特街和斯普鲁斯街两条街道之间。它是中央校园和佩恩公园之间东西连接上的一个重要组成部分。

该项目的所在地周围有宾夕法尼亚大学最具标志性的体育设施：帕莱斯特拉体育馆和弗兰克林运动场，它将成为这两大历史性建筑设施的前庭空间。休梅克绿地项目的设计并不是供大家来消遣娱乐的，而是举办各种大型活动的最佳场地。休梅克绿地内还设有大型的集体就餐区，就餐区不会占用太多的空间，甚至可以用作举办户外电影展、宾夕法尼亚州接力赛及宾夕法尼亚大学毕业典礼的活动场地。该项目借鉴了宾夕法尼亚大学传统校园绿地的特点，同时仍保持它固有的特色，将成为宾夕法尼亚大学东部区域的核心。

休梅克绿地将会是可持续校园设计的典范。该项目通过运用多种策略和技术创新，对项目场地内及周边屋顶的雨水进行拦截和控制，为本地植物和动物提供栖息地。该项目的修建还尽可能地减少材料的运输，是大学可持续发展维护战略发展的典范。

休梅克绿地内修设有一个综合性景观雨洪管理系统，可以对雨水进行传送、过滤及存储。这一雨洪管理系统可以拦截项目场

地内 95% 的雨水，收集到的雨水可被用于浇灌场地内的植物。游客们也被邀请参与项目场地内雨水花园的雨洪管理设计。雨水花园内的石堰负责传送雨水，砾石层负责拦截和过滤雨水。

休梅克绿地内栽植的 43 种不同种类的植物均产自距费城 241 千米（150 英里）的山麓地带和海岸平原生态区。休梅克绿地内新栽植的植物种类如下：

• 栽植于中央草坪区周围和步行道两侧的 51 棵冠层树种。

• 栽植于项目场地边缘种植床内的 52 株开花的下层植被。

• 栽植于雨水花园和种植床内的 229 棵灌木。

• 栽植于雨水花园和植物床内的 40,528 株草本植物。

• 生长于帕莱斯特拉体育馆和哈钦森体育馆西侧的 6 棵现有的高大英国梧桐树（悬铃木）。

休梅克绿地还可以对邻近建筑的屋顶雨水径流和空调冷凝水进行管理，从而维护城市景观、减少城市排水基础设施合流下水道排水口的排放量。这种设计方式不仅减少了宾夕法尼亚大学的维修费用，还有助于改善城市排水管道的运行性能。此外，对于项目场地性能的精心设计与持续性监测将有助于未来大学校园的景观设计，同时也会给美国国家可持续性景观设计指南和建筑规范的修订带来积极的影响。

上图：凸起的人行横道可以提醒途径此处的车辆放缓车速

对页上图：高大的树木和长椅为人们营造了一处舒适的户外空间

1. 休梅克绿地
2. 战争纪念碑
3. 33 号街上的树木
4. 韦斯 / 邓宁球场
5. 大卫・里滕豪斯入口广场
6. 人行横道
7. 史密斯步道（现有）
8. 韦斯平台
9. 帕莱斯特拉 / 哈钦森平台
10. 史密斯步道（拟建部分）
11. 雨水花园
12. 佩利桥 / 佩恩公园
13. 林格
14. 哈钦森体育馆
15. 帕莱斯特拉体育馆
16. 里滕豪斯实验室
17. 33 号街
18. 邓宁球场
19. 韦斯展区
20. 弗兰克运动场

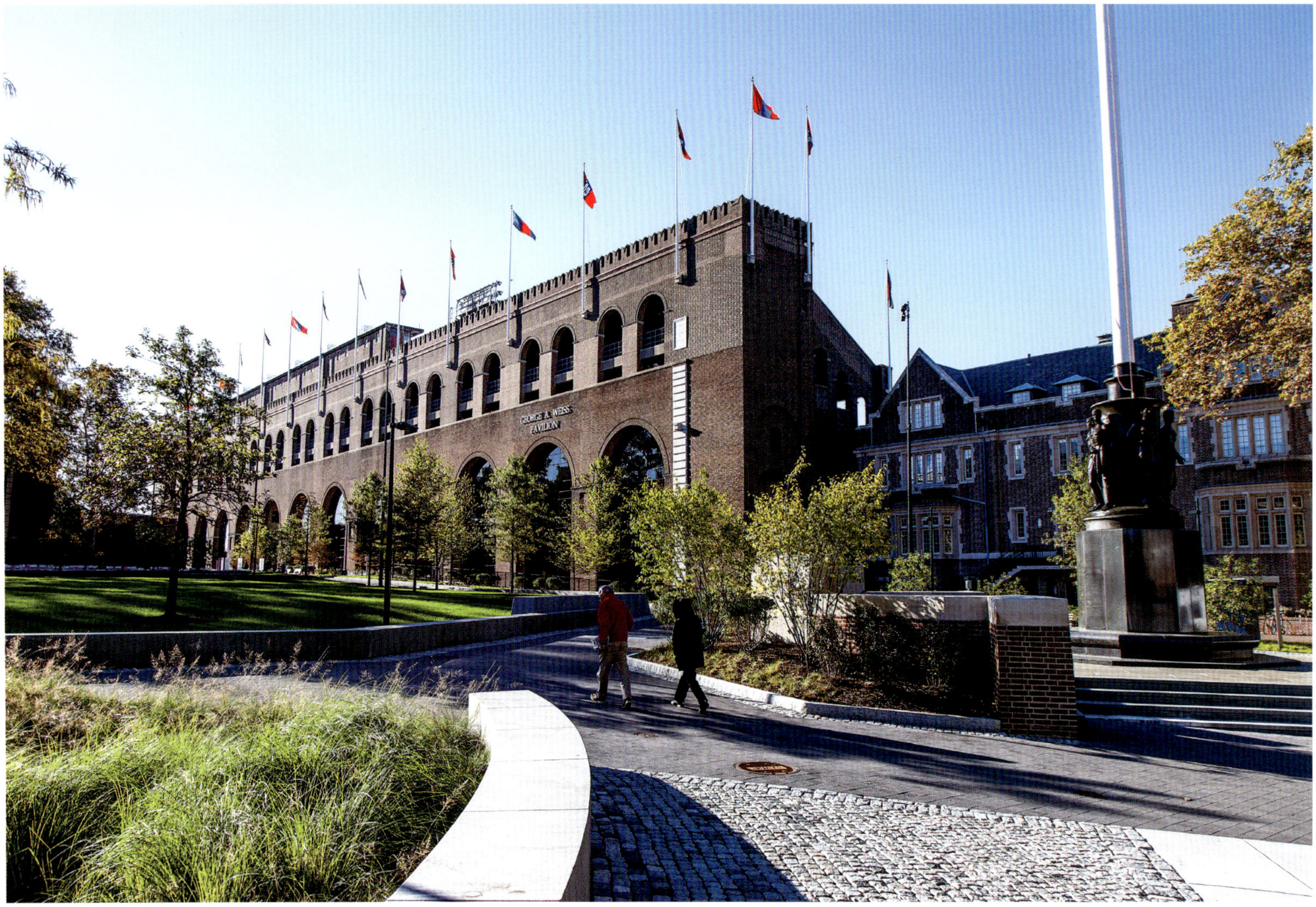
GEORGE A. WEISS
PAVILION

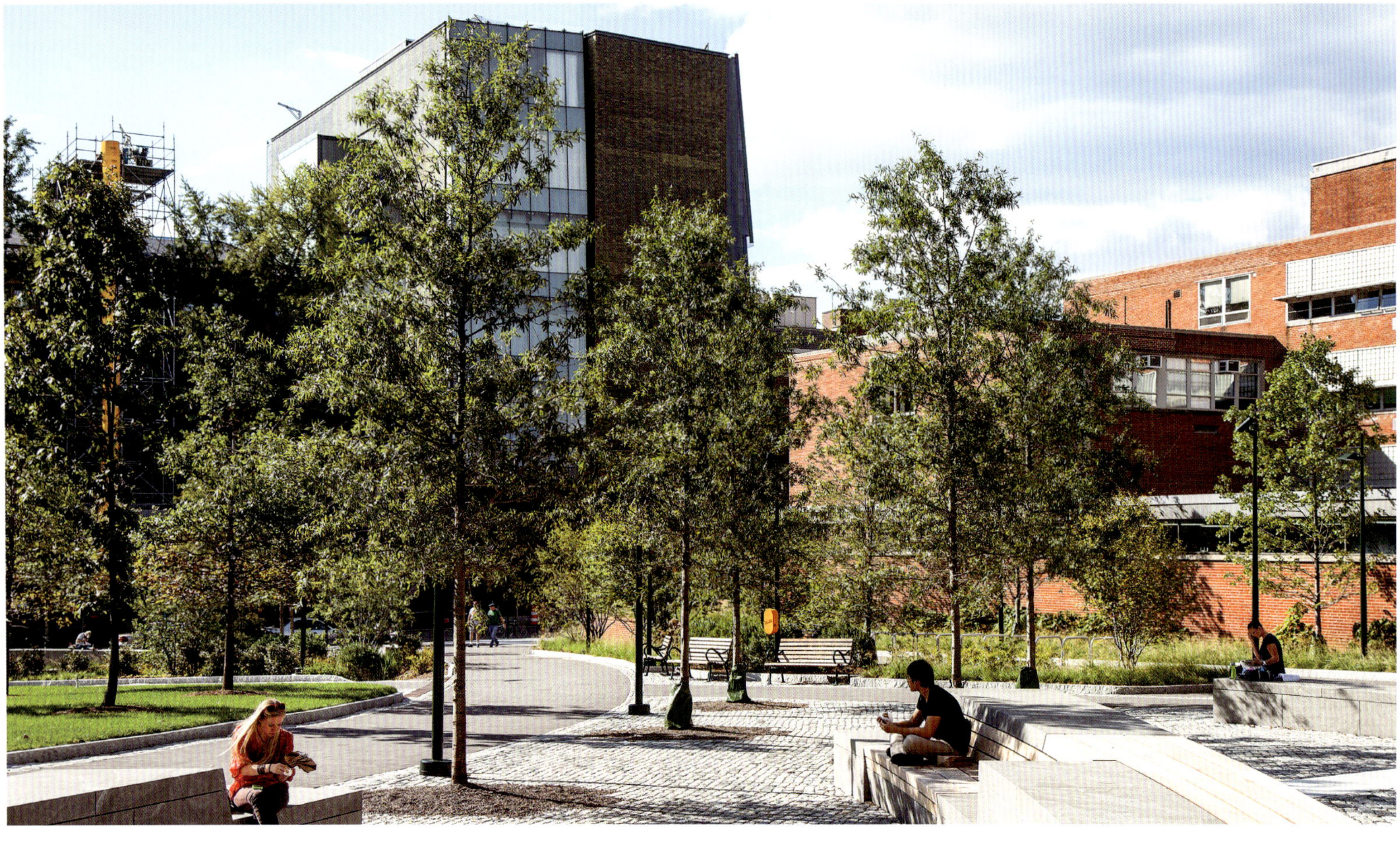

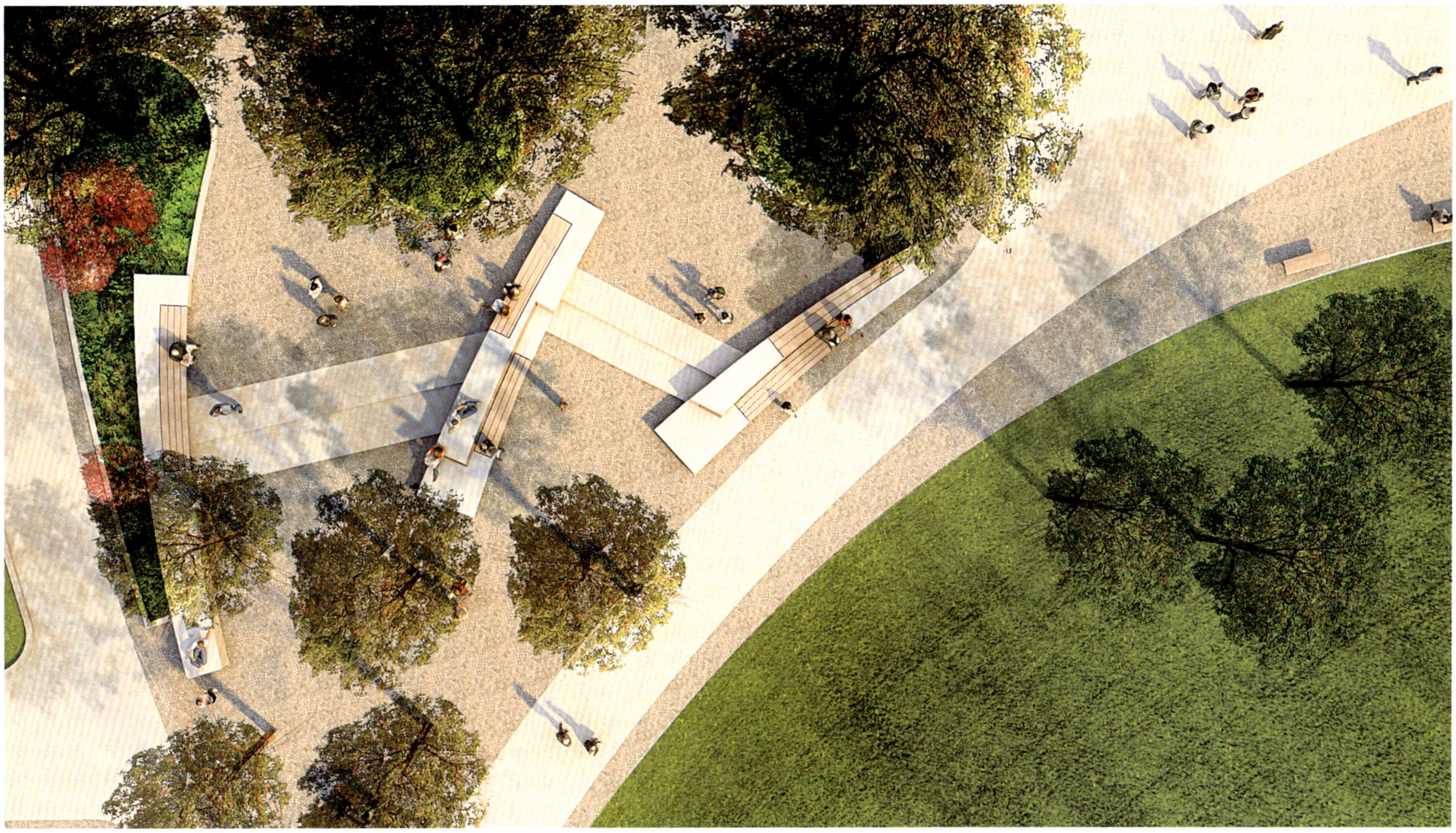

上图：从空中俯瞰座椅区
对页上图：通往绿化区的弧形入口墙
对页下图：人们可以坐在表面铺设有木板的石凳上休息、看书或是做其他活动

植被

人造景观

雨洪系统

挖掘

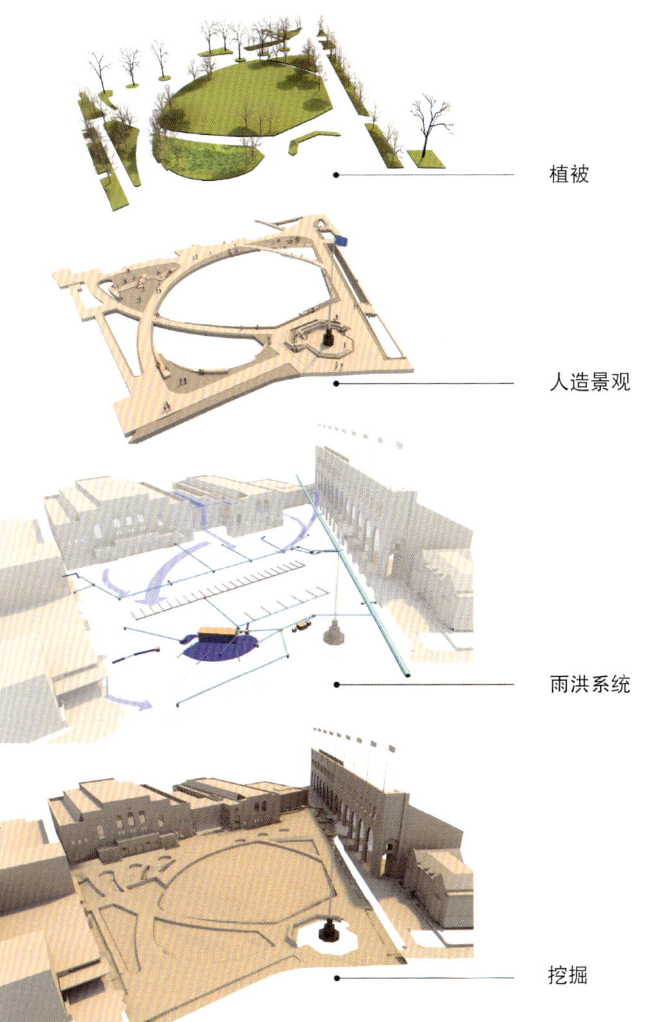

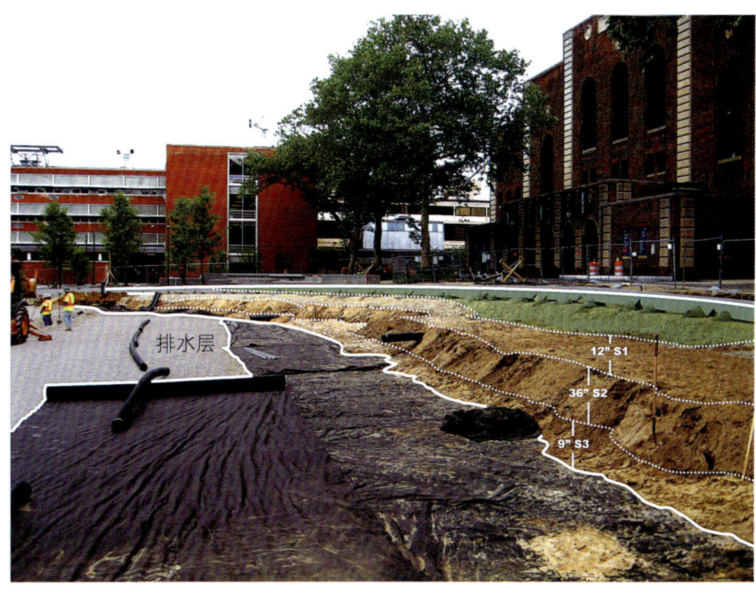

上图：从空中俯瞰史密斯步道
下图：人们在传统的绿化区开展户外娱乐活动
对页上图：微微倾斜的草坪
对页下图：绿化区可用来举办大型的校园活动

柯瑞姆斯卡亚堤岸景观

项目地点：莫斯科，俄罗斯
项目面积：4.5 公顷（484,376 平方英尺）
建成时间：2014 年
景观设计：Wowhaus 建筑事务所
项目预算：未知
摄影：Wowhaus 建筑事务所
委托方：未知

从前最为平常的景观带柯瑞姆斯卡亚堤岸最近从穆泽恩公园（Muzeonpark）和中央艺术区分离出来。独立后的柯瑞姆斯卡亚堤岸焕然一新。设计师将堤岸附近的道路改造为步行道和自行车道，并且增设了喷泉设施。先前混乱的展区也被流线型的艺术家展览馆取代，长椅错落有致的安放在山丘各处，成为柯瑞姆斯卡亚堤岸景观的一部分。美观的绿化带从位于柯瑞姆斯卡亚桥（Krymsky Bridge）另一侧的高尔基公园一直延伸至远方。

设计师在柯瑞姆斯卡亚堤岸与沃列别夫哥里（Vorobievygori）之间修设了一条长为 10 千米（6.2 英里）的步行道和自行车道，先前的道路则被具有运动特色的景观公园取代，同时保留艺术家展览区。改造后的柯瑞姆斯卡亚堤岸是莫斯科市中心第一个全年开放的景观公园。在炎炎夏日，多层次的流线型道路可供人们散步、骑行或是轮滑，而在寒冷的冬日，这片区域就变成了一处极佳的滑雪场，可供人们滑雪橇、滑冰或是滑雪。

柯瑞姆斯卡亚堤岸最为主要的设计元素是流线型设计：流线型长椅、步行道及自行车道构成了的这里的人工景观。整个景观带被划分成四个部分：桥梁前区、艺术家展览区、喷泉广场和绿山区。四个部分形成一个有机统一的整体。

上图：修设与步行道中央的波浪形花槽
对页上图：春天，各种花卉竞相开放

柯瑞姆斯卡亚桥下景观

连接高尔基公园与柯瑞姆斯卡亚堤岸景观的过渡带已经成为这里的热门景点。这片过渡带内设有可为人们遮阳挡雨的设施，此外还设有一个舞台、两个木制的露天剧场。28 处人造岩石或者金属制成的长椅分散在道路两侧，为行人和骑自行车经过的游客提供歇脚的地方。

展览区

穆泽恩公园的入口是一座 210 米（689 英尺）长的木制展览馆，展览馆的屋顶呈流线型。（此处的展览馆是由美国安全工程师学会设计的。）

喷泉区

位于公园核心区域的喷泉区正对着中央艺术区，与河堤之间隔着一条栽有菩提树的小路。面积为 60 米乘以 14 米（197 英尺 ×46 英尺）的喷泉是旱式喷泉的一种，喷泉设施设置在地下，水柱从地面铺装孔喷射出来。喷泉的动态照明系统可以提供多种不同的照明模式。设计师在位于堤岸喷泉区东北方向的法国园内种植了 49 棵菩提树。设计师第一次在俄罗斯采用了一种特殊的种植技术，树木经过技术处理后，人们可以在树下步行和骑自行车而不损坏这些树木。

绿山区

设计师在对这部分步行道进行规划时，对人工景观和植物种植给予了特别的关注。可供人们散步和休息的山丘上布满了茂盛的草本植物。设计师在山丘上种植了菩提树、山楂树、花楸树、观赏性苹果树等带有装饰性树冠的树木和灌木，人们可以在此处欣赏到美丽的景致。设计师还在步行道之间设置了流线型的木制长椅和沙滩床。这片区域内还设有一处人工池塘。

2 号展区平面图

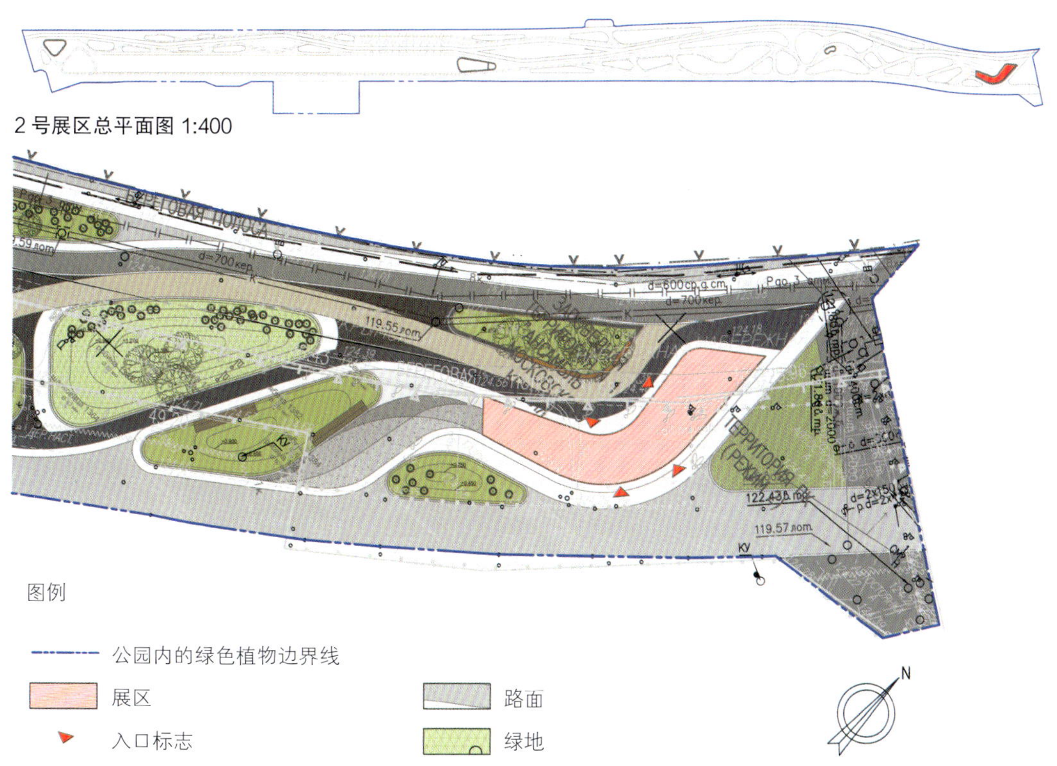

2 号展区总平面图 1:400

图例

公园内的绿色植物边界线

展区

入口标志

路面

绿地

3 号展区平面图

3 号展区总平面图

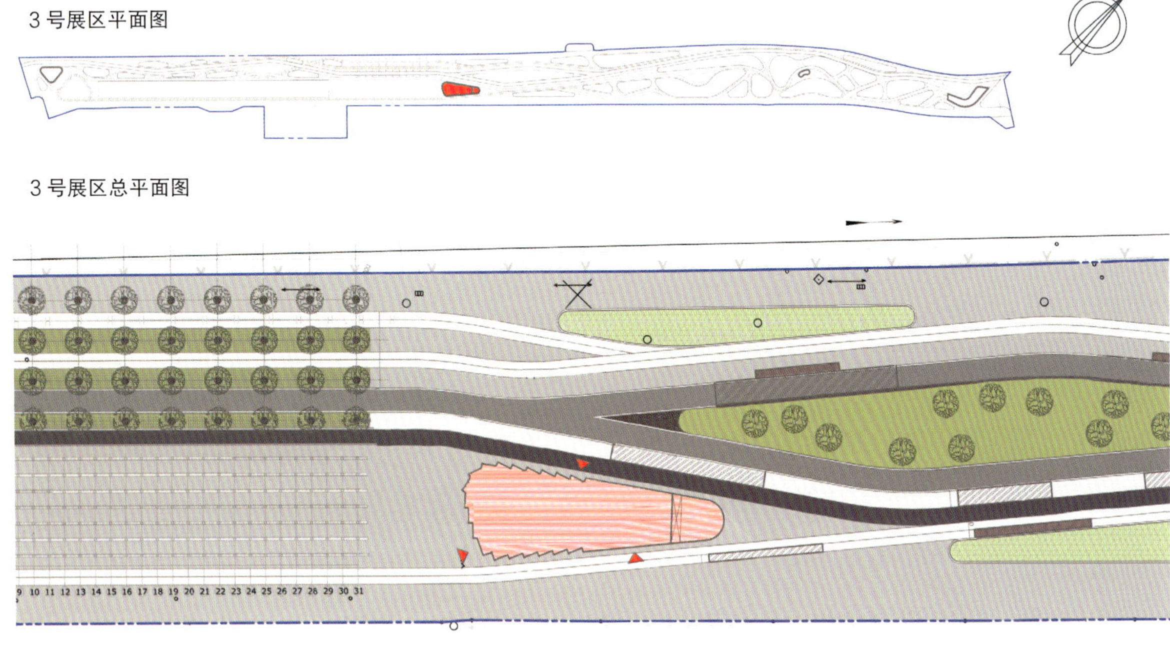

图例

公园内的绿色植物边界线

展区

路面

入口标志

绿地

上图：透水路面
下图：喷泉广场
对页上图：当地人在柯瑞姆斯卡亚堤岸附近休闲漫步

立面图

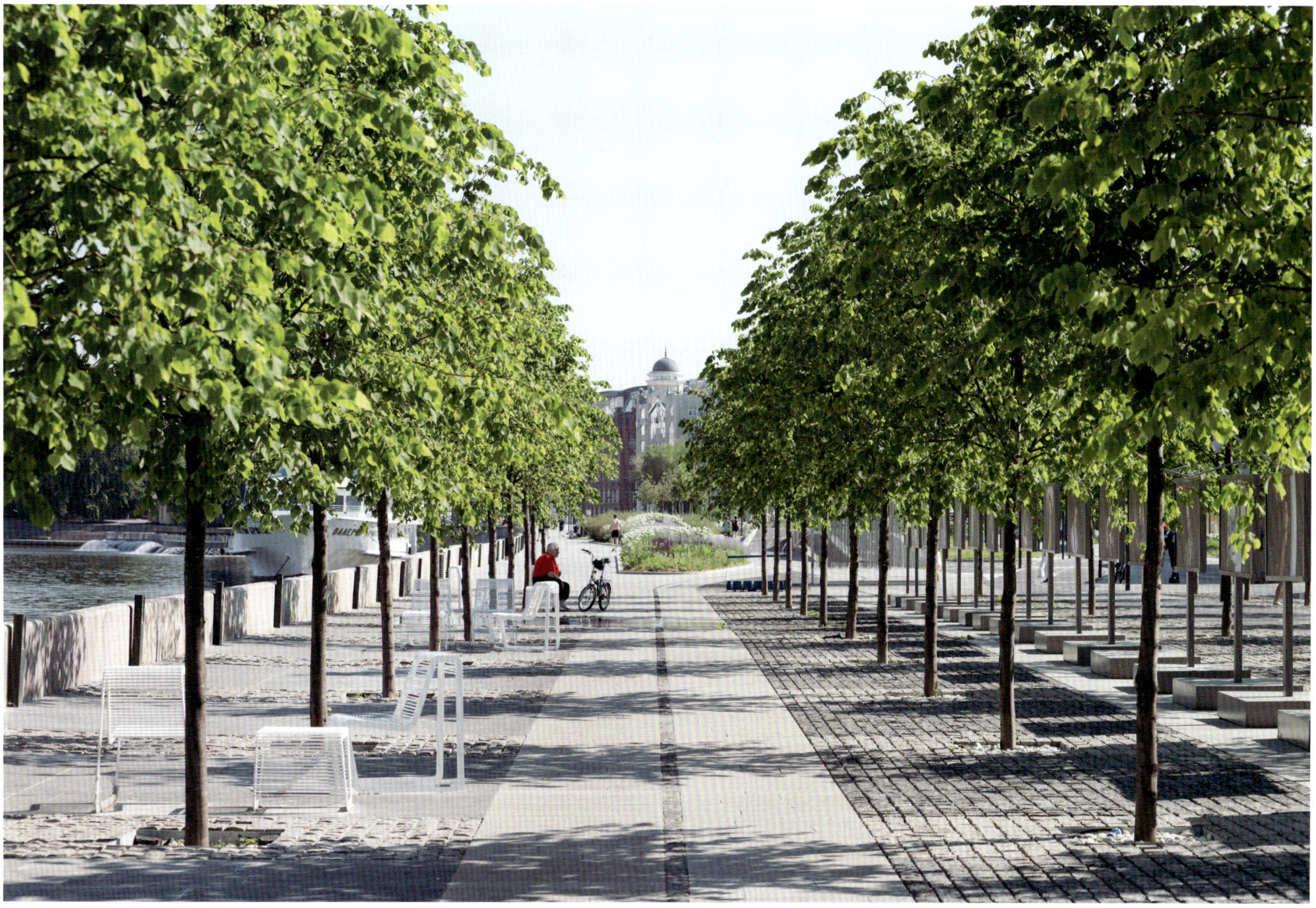

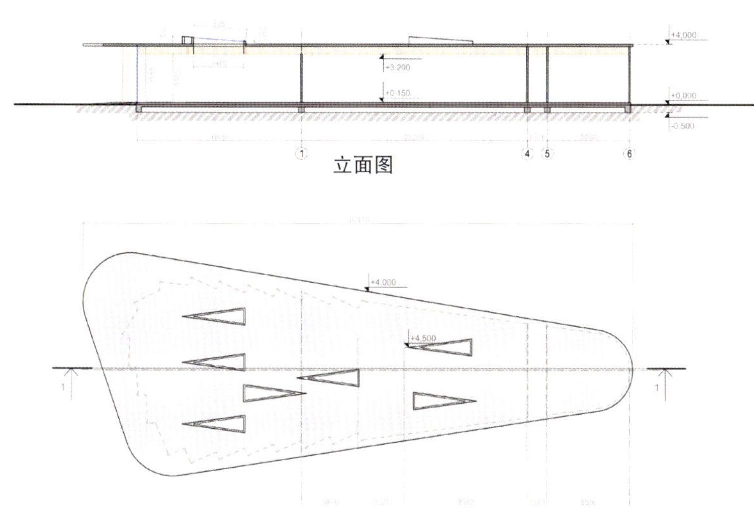

横截面

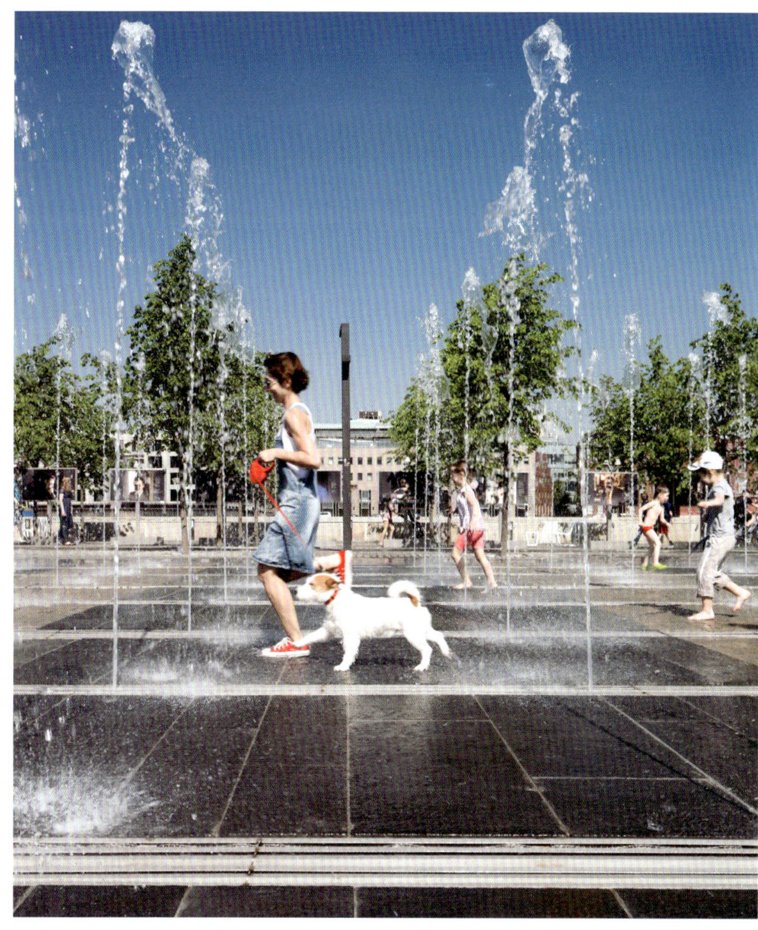

路易斯法尔格水处理站

项目地点：波尔多市，法国
项目面积：6.2 公顷（15.3 英亩）
建成时间：2013 年
建筑设计：唐吉布埃特建筑事务所（Tanguy du Bouëtiez Architecte）
景观设计：德巴尔勒杜普朗蒂耶尔联合公司（Debarre Duplantiers Associés Architecture & Paysage）
项目预算：270 万欧元
摄影：亚瑟 · 佩坎（Arthur Péquin）
委托方：波尔多城市社区（CUB）

路易斯法尔格水处理站的地理位置独特：水处理站位于右岸绿色斜坡上的圣路易斯法尔格大街的起点，并通过结构轴线与老城的中心相连，在这里可以清楚地看到远处的快艇和潜水艇基地，这便是水处理站的独特之处。

路易斯法尔格水处理站占据了卢西恩福尔路与约翰哈姆雷特路之间两个街区的部分空间，将“埃斯蒂斯”（Esteys）大道的轮廓清晰地呈现出来。“埃斯蒂斯”大道水平垂直于加仑河而建，可以通往目前正在进行改造的码头。

两大设计原则

第一个设计原则是将水体从建筑中抽离，为运河港地营造出生动的景象。人们可以透过网格状的景观欣赏到小径上花园的景致。

第二个设计原则是在车站周边区域种植成排的树木，打造一处类似于运河左岸后台的绿色围护结构。这些树木好似一处“绿色里程碑”，从建筑的一边延展至另一边，增进此处景致的视觉联系性。

郊区旁的水景花园

顺着街道前行，便可望见爱德华瓦扬庭院（Edouard Vaillant Court），在与建筑平行而设的草地内有一处宽4米（13英尺），长几百米的池塘。设计师在现有的斜坡上设置了小型瀑布，每个瀑布之间的距离为13米（43英尺），人们可以清楚地听见潺潺流水的声音。由混凝土制成的斜坡边缘稍稍从草坪内探出；池塘水面较浅，并采用封闭式循环系统。池塘两岸种有树木、灌木丛和开花植物，这些植物使得池塘周围充满自然的气息，到处生机勃勃。设计师还采用中等尺寸的树木以减少建筑高度带来的不良影响。在绿色的背景下，蓝色和白色的花朵一一绽放，整片水域景致盎然。设计师准备换掉受到污染的土壤，为绿化带填充品质优良的土壤，并栽种树木、灌木及多年生植物。

卢西恩福尔路弯道上的码头

设计师在位于斜坡脚下的池塘周围设置了一处贮水池，改变了人们对这片区域的整体感觉，同时为码头附近的住宅区打开了一扇美丽的窗。事实上，新建成的大楼是可以为潜艇基地服务的修理厂。码头周围铺设有金属石笼，可以抵御上涨的潮水。

果树林和灌木丛整齐排列，人们可以从河对岸观赏到这里的景致。随着水景花园的竣工，工业设备修理厂被贴上了新的标签，住宅区的生活变得更为丰富多彩。

上图：郊区旁的水景花园
对页上图：加仑河的河堤

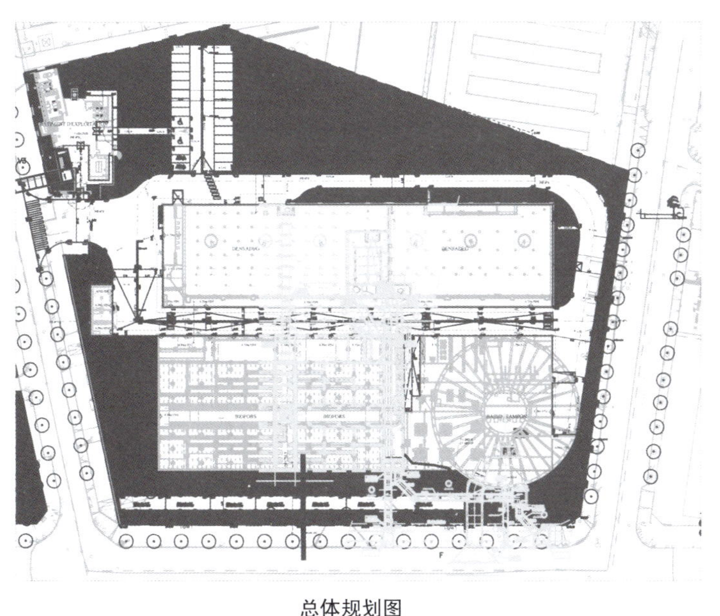

总体规划图

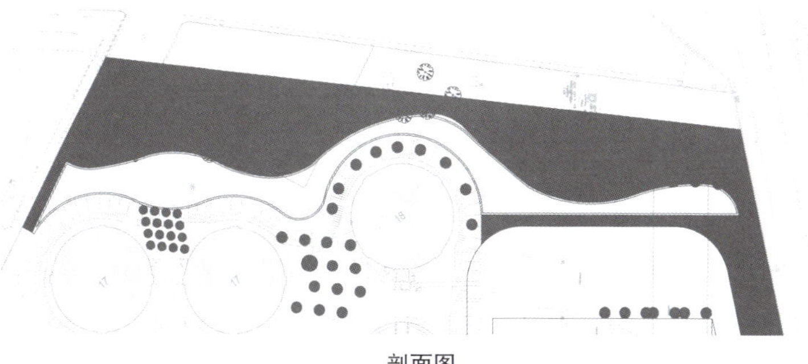

剖面图

上图：穿行于市郊的河道好似一条绿色的项链
对页：当地的水鸟

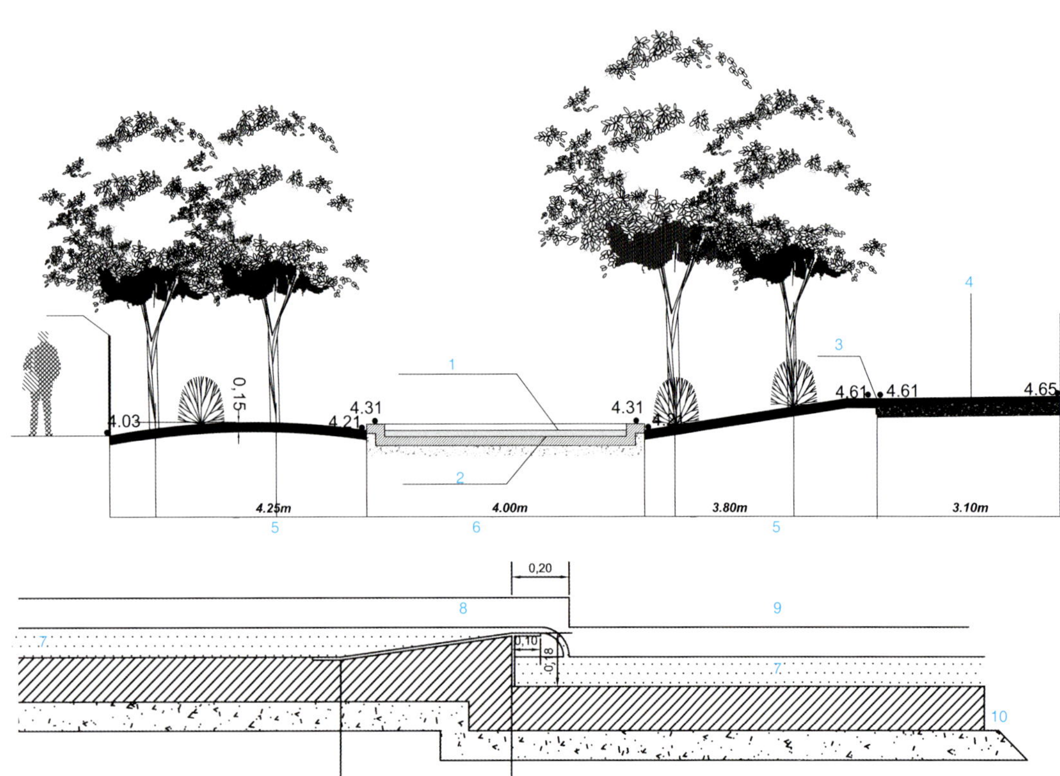

1. 水位 A
2. 水池 B
3. 槽板
4. 绿地
5. 绿色空间
6. 水池
7. 水平面 10 厘米（3.9 英寸）
8. 水平面 2 厘米（0.8 英寸）
9. 水池最高水位
10. 防水混凝土池

上图：加仑河两岸的美景
下图：加仑河河堤的细节图

1. 竣工楼面
2. 防水布
3. 石笼结构 0.30 米 × 0.30 米（11.8 英寸 x 11.8 英寸）
4. 最高水位
5. 稳定水位

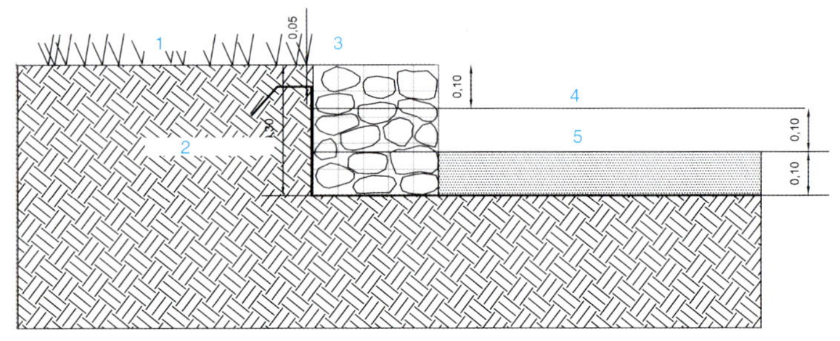

上图：流水梯台可用来净化水体

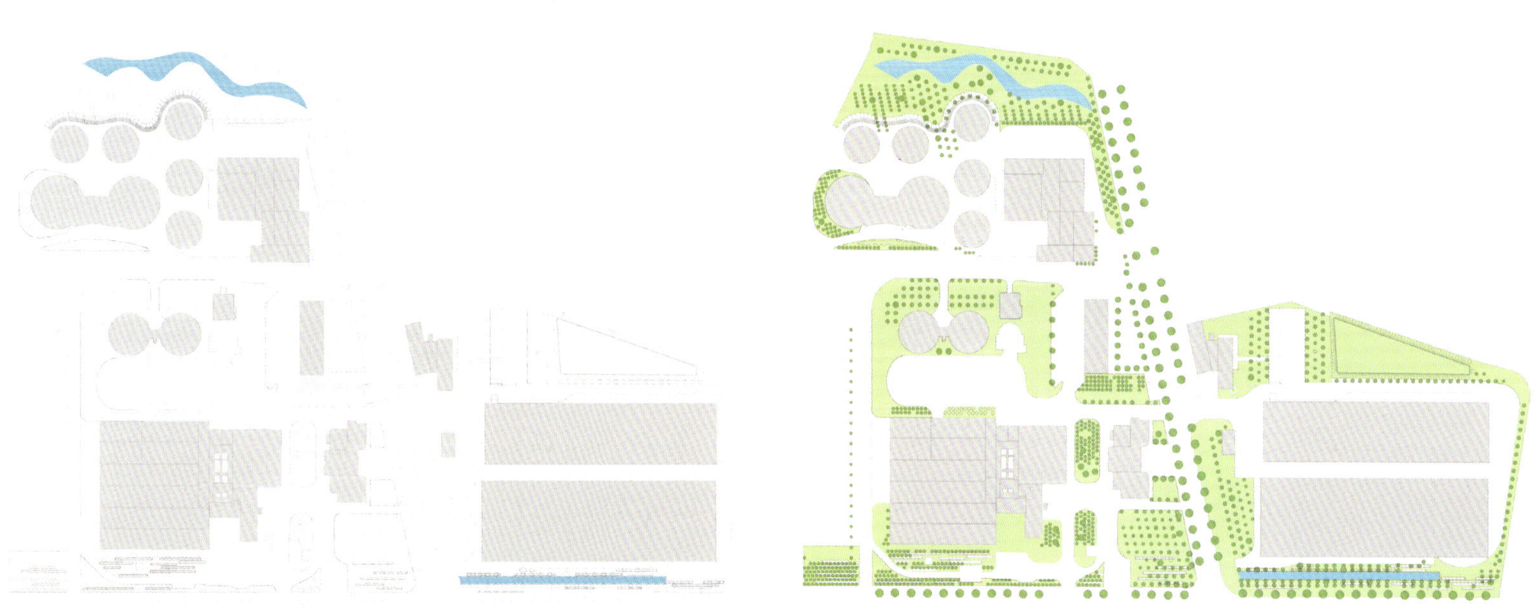

总体功能布局（黑白，彩色）

上图：加仑河的河堤
下图和对页：流水梯台

法国罗列特半岛公园

项目地点：鲁昂市，法国
项目面积：12.5 公顷（31 英亩），位于 31 公顷（76.6 英亩）的生态区内
建成时间：2014 年
景观设计：杰奎琳·奥斯提工作室（Atelier Jacqueline Osty & associ é s）
项目预算：M1：1630 万欧元（不含税）；M2：3600 万欧元（不含税）
摄影：德马蒂厄 & 巴尔（Demathieu & Bard）
委托方：艾格蒙洛社区

法国福楼拜生态区是由前港口和工业废弃地开发而来的。福楼拜生态区与塞纳河相连，是一处有着自然植被和水体的绿色和蓝色的城市空间，生态区的创建使得城市恢复了往日的生机。

设计师制定了明确的解决方案，以应对现有环境存在的土壤污染问题。设计师不但想保护这里的生物多样性，而且要在这里创建一个自然保护区。而对塞纳河两岸的开发为这片区域带来新的变化，预示着这边区域未来的发展前景。

罗列特半岛公园项目位于鲁昂市重建码头的西端。这一段长 2 公里的区域内修建有一座多功能的带状公园，将生态空间与高密度的城市化区域完美地结合起来。该项目采用现代化景观方式对这个工业码头进行彻底的改造，整合现有原料（混凝土及铺路石），将原有的铁轨嵌入到土壤中或草地内，使这里的铁轨重新焕发生机。码头是开展日常性活动或临时性活动的理想场所。开放式的码头可供人们开展庆祝活动。即将修建的音乐厅和创业园将促进塞纳河两岸区域的经济发展。

设计方案提出对河岸的自然景观进行修复，在河岸两侧种植 10 万棵树苗，为这片区域打造了一处森林护堤，以降低了土壤污染的程度，同时还在护堤处设置雨水管理系统。设计师意图使

A 700 m

罗列特半岛恢复到最初的状态，使其与塞纳河蜿蜒的河道景观相协调。设计师将先前的贮煤仓改造为生态实验室，或者说是一个环境工作室。除了上述功能之外，罗列特半岛项目将城市景观与塞纳河道景观的发展协调起来。

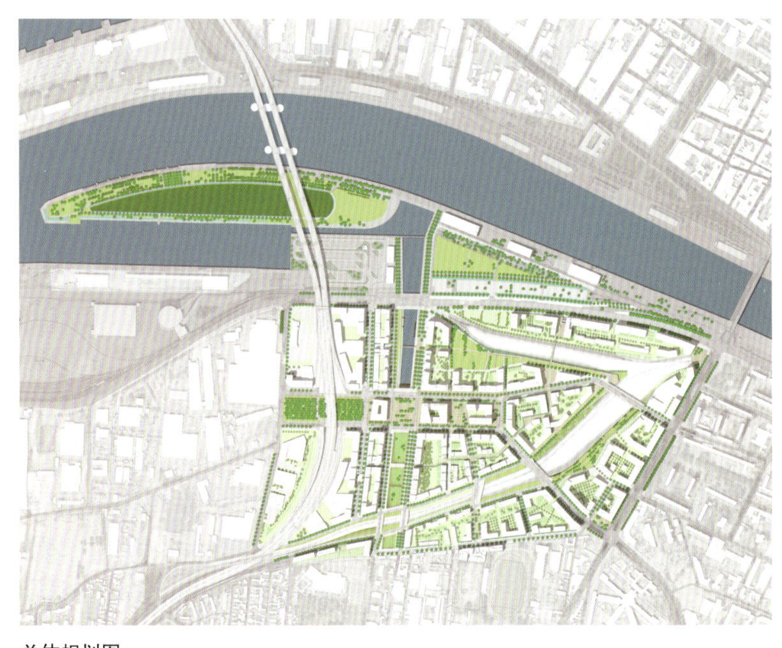

总体规划图

上图：机动车道和自行车道
下图：空中俯瞰图

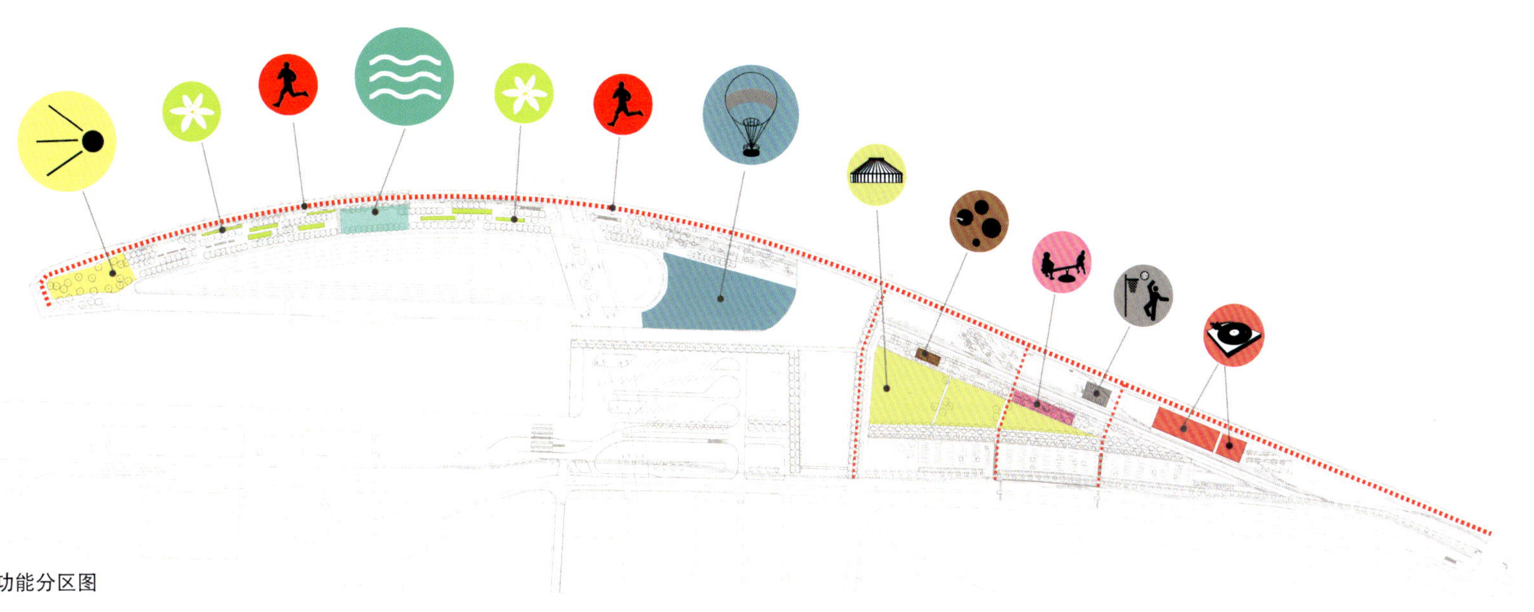

功能分区图

上图：滨水区
左下图：滨水自行车道
右下图：可回收的路面材料
对页：步行道的石界线

左上图：绿化区的部分景致
右上图：自行车道旁座椅
中图：植被区中央的休息区为人们提供了一处亲近自然的区域
下图：植物可以滞留和净化雨水

上图：植被区的野花竞相开放
下图：透水路面

劳普恰克·安德拉斯博士街道改造工程

项目地点：霍德梅泽瓦市，匈牙利
项目面积：1.38 公顷（3.4 英亩）
建成时间：2012 年
景观设计：尤尼（Ujirany）景观建筑公司 / 新方向景观事务所（New Directions Landscape Architects）
项目预算：未知
摄影：尤尼（Ujirany）景观建筑公司
委托方：洛林大区——Madine 湖联盟

作为托尔奈·亚诺什（Tornyai János）文化城市翻新项目的一部分，劳普恰克·安德拉斯博士街道改造工程旨在对这一区域内的机构和住宅的周边环境进行规划。这一区域可被划分为两个主要部分：托尔奈·亚诺什博物馆附近的劳普恰克·安德拉斯博士街道与拜谢涅伊·费伦茨文化中心（Bessenyei Ferenc Cultural Center）及希腊天主教堂。设计理念的第一部分是要打造一个清新的线性空间，并在这一空间内将民间刺绣的精致感和有序感呈现出来。这一新建成的美观而常见的街道通过设计细节和使用材料从视觉上将周围的文化遗产联系起来，这种设计方式可以更好地满足当代的需求。此外，街道还具备商业和公共餐饮功能，还可为社区活动提供场所。

在对街道历史建筑进行分析后，设计团队就空间环境、路面、照明及植物特征等方面做出总结。户外空间结构设计的主要目标是营造一处如明信片般公开透明的空间。设计团队还将 20 世纪初期具有代表性的广场和街道的气息与古旧步行道的气息融为一体。此外，在植物种植方面，设计师在低矮的树篱和花床内种植球形树木。然而，将历史建筑和步行道联系起来尤为重要，因此，设计师不得不修建一个可以横向纵向有效运行的道路系统。

enBANK

上图：座椅区
对页上图：栽植有绿色植物的木质梯台

从纵向上看，街道的主要组成部分是中央大道，这是一条宽 5 米（16 英尺）的交通通道，可供行人和机动车辆通行。一排简洁的照明设施将道路的轮廓描绘出来，而这些照明设施的风格与历史环境相符合。中央大道直接通往文化中心。在与道路北边平行的地带设有一条自行车赛车道，树下设有一处安装有长椅的休息区，并在建筑周围设有人行道。道路东侧设有一处宽度不一的、由高度为 70 厘米（28 英寸）的树篱围成的平台，平台上开设有多家咖啡馆、西饼屋和餐馆。文化中心前的步行道和自行车赛车道的设置使得原有道路空闲出来，设计师在这里修建了一个文化中心广场。此外，设计师还在广场上安装了嵌入式照明玻璃面板，在举办重大活动之时，这一设施还可作为广告牌使用。

为了符合文化中心的概念，设计师将历史建筑的周围环境设计成一个较为连贯的系统，这一系统将周围设施及环境融为一个整体。事实上，市中心的新面貌可以吸引更多的游客和年轻人到此游览。新建成的街道和文化中心周围的环境将为人们的日常活动提供空间，鼓励人们在公共空间度过休闲时光的同时，为这一区域带来新的投资，进一步推动这一区域的发展。

1. 托尔奈・亚诺什博物馆
2. 社区休息区
3. 水景
4. 户外展区
5. 社区长椅
6. 透光混凝土座椅
7. 苹果园
8. 树篱
9. 希腊天主教堂
10. 拜谢涅伊・费伦茨文化中心新楼
11. 拜谢涅伊・费伦茨文化中心旧楼
12. 比赛场地
13. 咖啡馆露台
14. 步道
15. 自行车道
16. 嵌入式照明玻璃面板
17. 树篱
18. 人行道
19. 种有茂盛植被的步道
20. 一排社区长椅

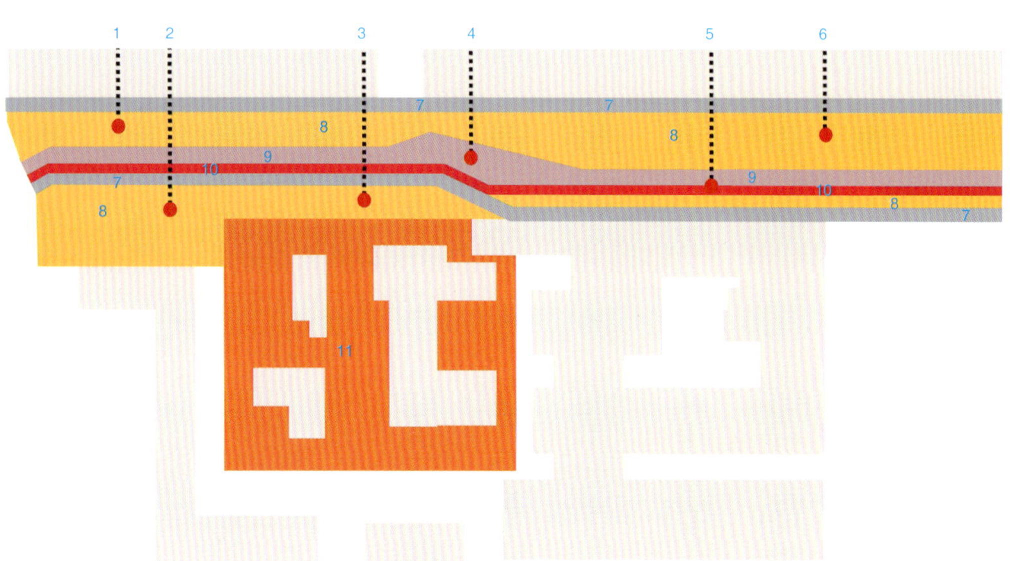

户外空间结构图

1. 台阶
2. 社区 + 展区
3. 广告牌
4. 中央广场
5. 供人们休息的长椅
6. 下客区
7. 行人专用区
8. 休息区
9. 步道
10. 自行车道
11. 城市广场

左上图：铺设有透水路面的生物洼地
左下图：人们在木质梯台上休息
右图：可回收的砖石路面
对页上图：木质路面

Groove 购物中心
城市人行道

项目地点： 曼谷，泰国
项目面积： 1600 平方米 (17,222 平方英尺)
建成时间： 2014
景观设计： TROP 景观规划工作室
项目预算： 未知
摄影： Spaceshift 工作室，创始人：皮拉克 · 阿努拉，奥洛尼 · 巴吞万特（Pirak Anurakyawachon，Aranyarat Prathomrat）
委托方： 中央帕坦纳集团（Central Pattana Public Company Limited）

由于这项工程的原因，原有的皇家棕榈树被移植至别处。这样一来，充足的阳光便可洒向地面，同时还为行人营造出更为方便和安全的步行环境。设计师在公共人行道两旁重新铺设绿地以达到安全且美观的效果。设计师还为这一区域添加了一处高度为 2 米（6.5 英尺）的线型景观斜坡。

从街道看去，如今的通风空间完全被隐藏在绿地景观后面，同时绿地景观也起到了防止行人不慎坠落的作用。尽管绿地景观并不与新建的购物中心相连，但却是购物中心的绿色底座，行人在漫步之余可以欣赏这里的景致。

精心栽植的灌木丛和鲜花能够使得这一区域四季如春。与以前的旧景观相比，新景观可以帮助降低地表温度，为行人提供更为舒适的步行环境。同时，新的地下排水系统也可帮助减少地表径流量，而地表径流是造成附近街区积水的主要原因，而收集到的多余雨水还可用于灌溉植物。

除了绿地景观之外，这一区域的其他部分如今全部用作步行区。干净整洁的人造景观为行人，包括残疾人，提供了简单便捷的步行环境。机动车停车场的撤除使得这一区域再无机动车辆通行，这样做的目的是为行人提供一个更为安全的步行环境。现

central
world

有的行道树排列整齐，可以在曼谷炎热的夏日为行人遮阴挡雨。从前，行人只能通过火车轨道下方的封闭式人行天桥穿过这一街区。人行天桥只是一处简单的钢结构道路，周围的气氛显得阴暗且压抑。而新景观使得行人能够在地面上行走，并为行人提供近距离感受绿色景观的机会。TROP 景观规划工作室的设计师们相信这种设计方式可以让人们更好地亲近自然，同时增进人们之间的沟通和联系。

建成后的新景观已经成为曼谷其他人行道设计效仿的典范。如今，行人可以自由安全地穿过这一区域。机动车司机也可以在车辆行驶过程中瞥一眼绿色，减少交通堵塞带来的压力。路人也可以停下脚步，拍一张绿色景观的照片分享给亲朋好友。偶尔还可以组织特别的活动，丰富行人的生活。在委托方的帮助下，设计师们完成了这项在曼谷前所未有的设计。

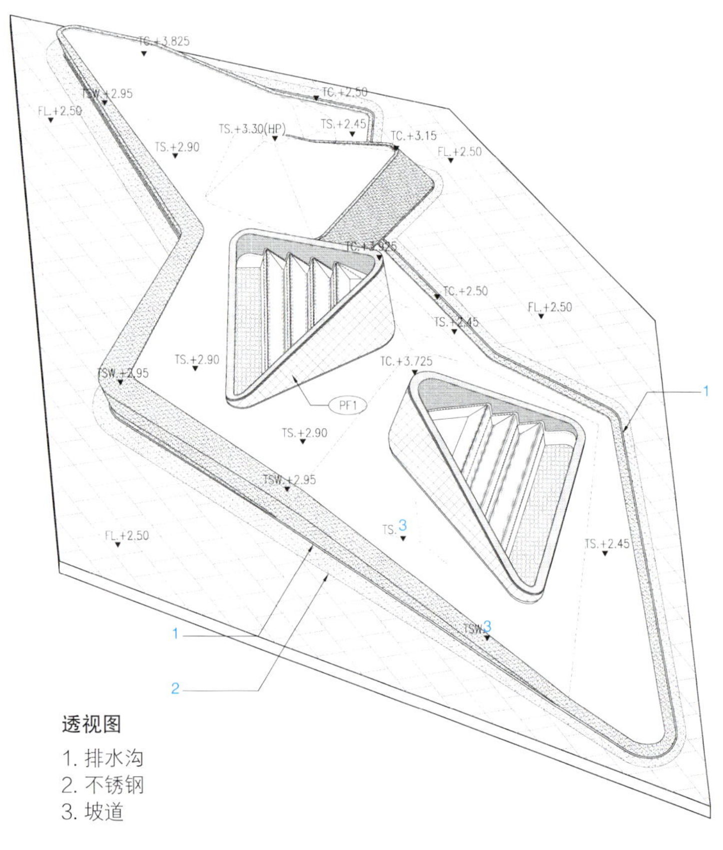

透视图

1. 排水沟
2. 不锈钢
3. 坡道

上图：庭院内地面上设置有花坛、雕塑和座椅，人们可以在这片区域休息和交谈
对页上图：这一街道景观好似曼谷的一条“绿色项链”

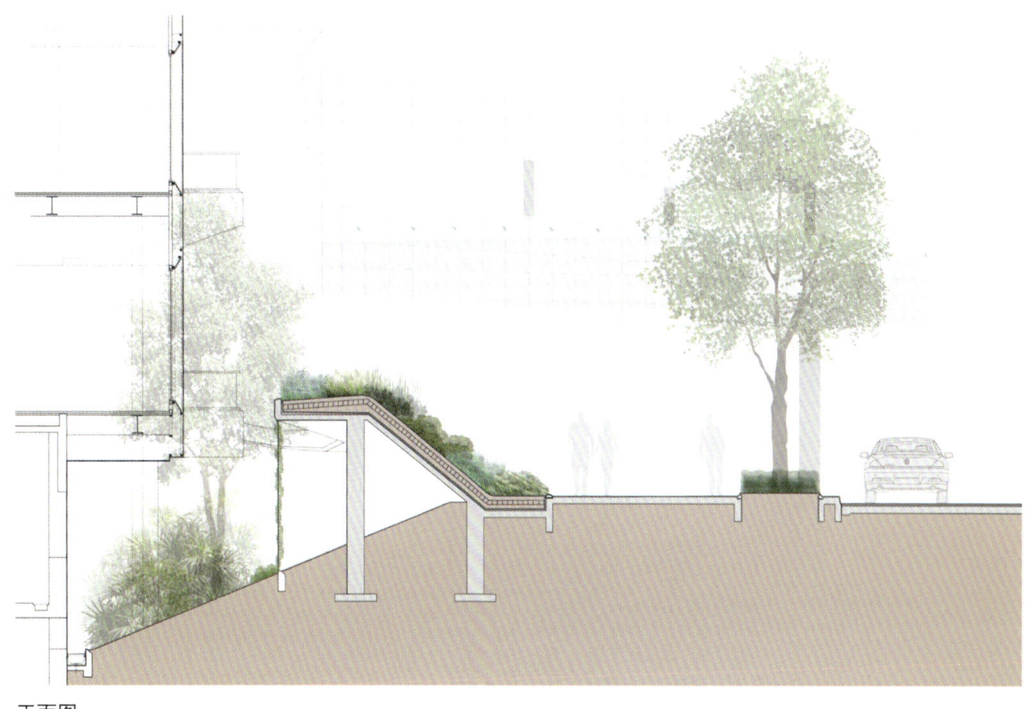

正面图

上图：步行道及火车轨道下方的封闭式人行天桥全貌。拥堵的街道、干净整洁的步行道和购物中心的绿色底座

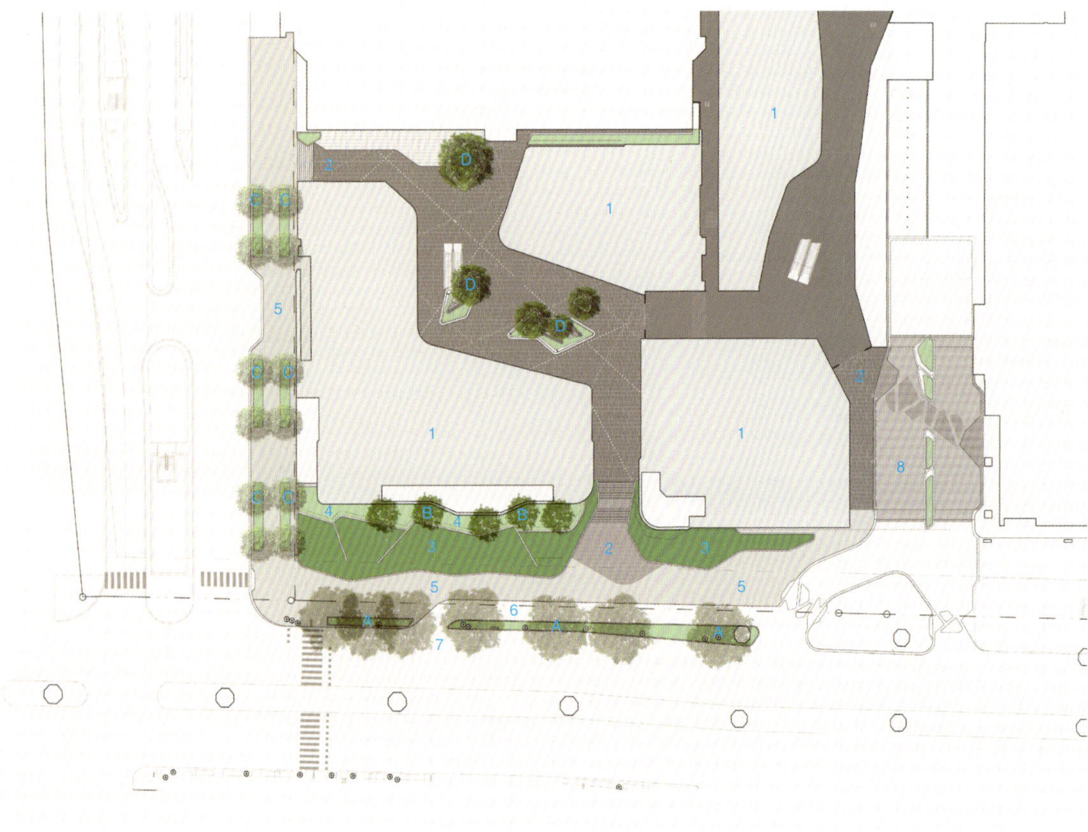

Groove 购物中心总体规划图

植被：
A. 菲律宾小叶紫檀（现有树木）
B. 垂花琴木
C. 热带榕属植物（现有树木）
D. 红花玉蕊

图例：
1. 零售区
2. 购物中心入口
3. 绿色底座
4. 通风区
5. 人行道
6. 下客区（偶尔）
7. 现有树木
8. 下客区

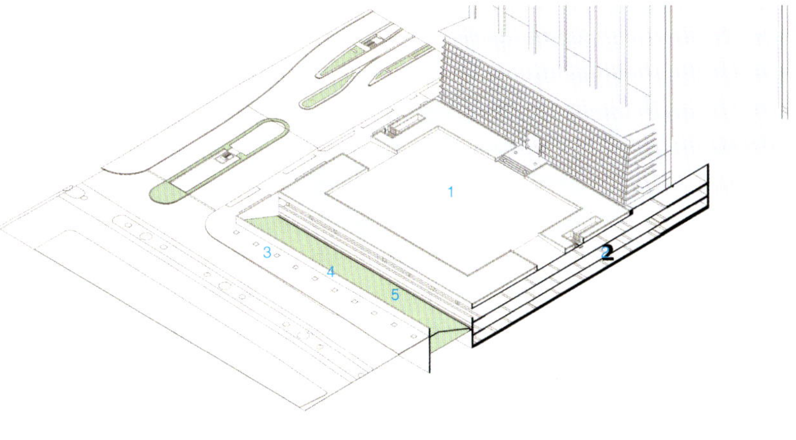

1. 广场现状
2. 停车场
3. 人行道现状
4. 护栏
5. 现有的地形 + 通风区

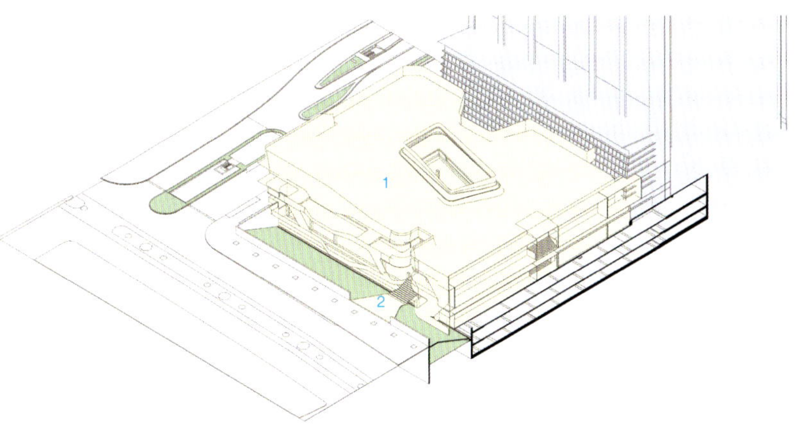

1. 建于停车场上方的零售区
2. 原有的主入口桥

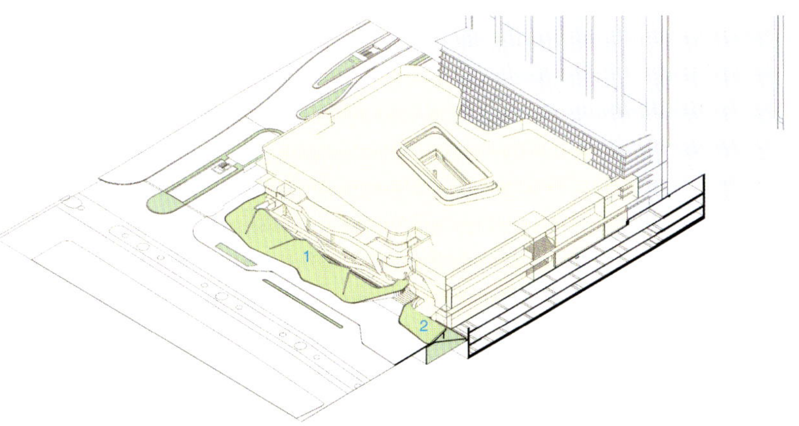

1. 绿色底座
2. 底部的绿色底座

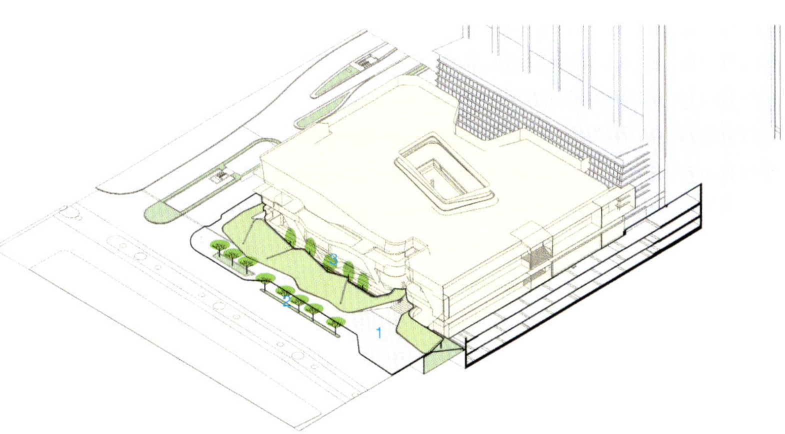

1. 平坦干净的路面
2. 现有树木
3. 额外的树木

概念图

WINE

上图：途径此处的路人停下脚步，欣赏此处的街景
下图：购物中心橱窗内的景象
对页：购物中心露天庭院内的绿色植物可以汲取自然光。这种设计方式可以有效地降低电量成本，同时也有助于培养年轻一代的环保意识

上图：宽阔的入口缓和了 2 米（6.6 英尺）高线性景观斜坡的高度，给路人一种在绿色植物间穿行的感觉
下图：简易的灌溉设备是绿地景观的一大特色
对页上图：最下层零售区的地面高出街面 2 米（6.6 英尺）。若是想从街道回望身后的景象，人们便只能看到购物中心的底座

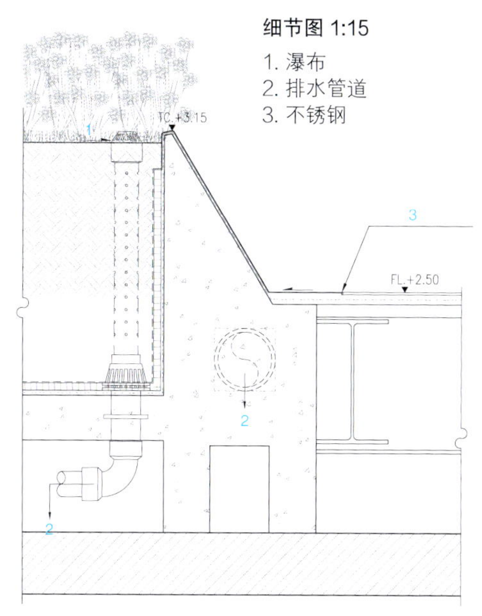

细节图 1:15

1. 瀑布
2. 排水管道
3. 不锈钢

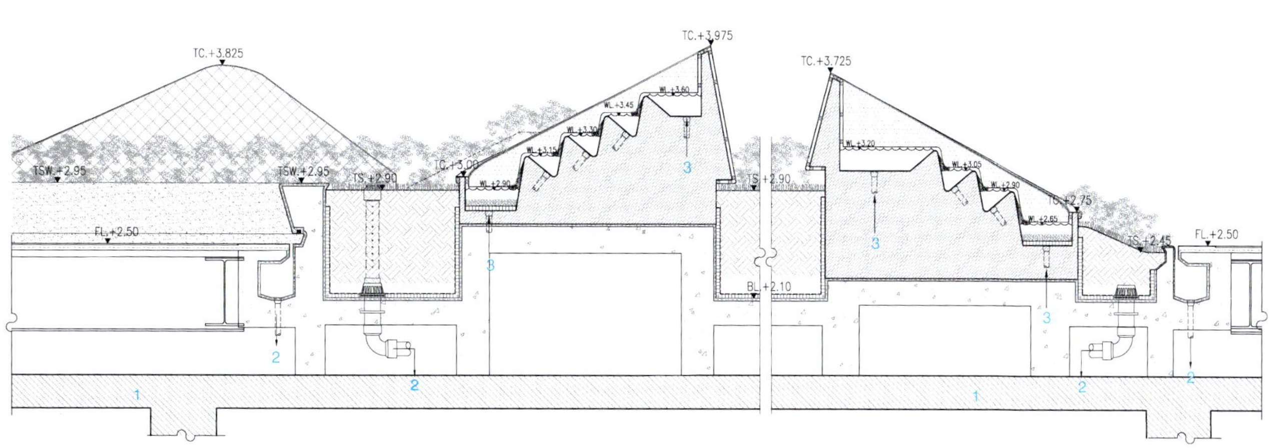

细节图 1:25

1. 现有结构
2. 水源
3. 排水管道

拉翁莱塔普绿道

项目地点： 拉翁莱塔普市，法国
项目面积： 2 公顷（4.9 英亩）
建成时间： 2014 年
景观设计： ARPAE 莱特景观设计公司（ARPAE Light）
项目预算： 255 万欧元
摄影： 米歇尔 · 德南斯（Michel Denanc é ）
委托方： 拉翁莱塔普市

设计之初便对某一特定地区的具体特点进行系统的了解，这样做不仅可以保护这一地区的文化遗产，还可以以这一地区的文化遗产为基础打造一处全新的景观。拉翁莱塔普市的默尔特河畔附近有一片被长时间弃置的绿地。这片区域目前是拉翁莱塔普市一处新开发项目的核心所在。

该项目划定的干预设计区域以默尔特河的市区河道为界。项目对公共空间和自然空间进行同时开发，以确保该地区未来的可持续发展。这一地区的战略地位显著，该项目的影响主要体现在以下几个方面：

• 将构成拉翁莱塔普市的各个独立的区域统一起来，从而使全社会参与到项目中。

• 开发并增添新的运输方式，切实转变拉翁莱塔普市以汽车为主要交通工具的传统。

• 为休闲娱乐活动与旅游业打下坚实的基础。

• 新开发项目维护了城镇的未来与城镇文化遗产之间关系的连续性，并对两者之间的关系加以巩固。

上图：修设于湿草甸区的人行天桥

默尔特河岸项目的构思符合可持续发展的概念，这将为未来该地区所有的扩建工程带来便利。精心呵护的河岸植被，维护了河岸的天然稳定性，减少了侵蚀现象的发生，并为地方特有植被的多样化生长留出了空间。

照明设计工程符合多方面的需求：尽最大可能照亮被开发地区，营造一种能反映出地区安全的夜间照明氛围，保护环境、节约能源。可持续发展的概念是拉翁莱塔普地区照明工程的基础。项目的照明设计有意采用了极简主义风格，这种设计方式限制了照明区域的发光点，在城市中心保留了一些较为黑暗的区域，例如，默尔特河本身依然是阴暗的，就像一面镜子一样反射出灯火的光芒。拉翁莱塔普市的照明工程解决了存在于我们这个时代的一个悖论：给予特定区域充足的夜间照明，可以突显出被开发项目其他未被照亮区域的特色。除了之外，设计师还将节能技术运用到照明工程中。

基本概念如下：

• 为了限制照明区域的发光点，照明该项目使用发光效率极高的材料和眩光控制技术，以及调整照明单元的高度与长度等方式对整体能耗进行优化。

• 选择使用寿命长的光源，利用多样化的照明系统来增加装置的使用寿命，从而减少维护次数。

• 材料的选用问题，选用木柱等在制造和运输过程中给环境带来较小影响的材料。

上图：通往河岸一侧住宅区的道路
下图：小块园地和皮船码头
对页上图：翻修后的默尔特河两岸和拉翁莱塔普中心
对页下图：小块园地和休闲娱乐区

上图：默尔特河河岸一侧的景致
下图：垂钓码头
对页：人行天桥和河漫滩

上图：默尔特河左岸的景致
左下图：重建后的池塘
右下图：重建后的池塘
对页上图：人行天桥和河漫滩
对页下图：座椅区

梅宁吉湖畔栖息地恢复工程

项目地点：梅宁吉小镇，澳大利亚
项目面积：380 平方米 (4,090.28 平方英尺)
建成时间：2013 年
景观设计：澳派工作室（ASPECT Studios）
项目预算：27 万美元
摄影：唐 · 布莱斯（Don Brice）
委托方：澳大利亚环境和水资源部
所获奖项：2013 年澳大利亚景观建筑协会南澳大奖——最佳设计奖
2013 年澳大利亚景观建筑协会南澳大奖——最受欢迎奖（设计）

梅宁吉湖畔栖息地恢复工程是由澳大利亚联邦政府出资进行的项目，旨在对当地植物群和动物群的栖息地进行改造。该项目汇集了大量的社会资本，激发出南澳库容及低湖莫瑞河口区的社会精神。

该项目于 2009 年宣布动工，当时正值干旱时节，低湖和艾伯特湖的水位已达到历史最低水位，湖水盐度过高，使本来就十分脆弱的生态环境更加恶化。

受澳大利亚环境和水资源部的委托，澳派工作室负责对梅宁吉湖畔栖息地的基础设施建设进行设计和管理，该项目的基础设施包括两处观景平台、一处观鸟平台及多个沙滩座椅。改造工程在现有道路上增设了标识和座椅，为前滩游客指引方向的同时，提高游客对欧洲及当地环境史的认识。

澳派工作室从梅宁吉湖畔栖息地的固有特质出发，对栖息地的水域、蜿蜒的步行道及边缘生境栖息地进行规划和设计。为了对保护区边缘的湖畔植被进行修复，设计是降低了观景台的高度，使其余湖边景致相协调。澳派工作室选用的复合木料、钢板、混凝土等简单的材料均符合耐用性的设计要求，并与 FMG 公司的工程师密切合作。

上图：梅宁吉湖畔的台阶可作座椅使用（北面视角）

澳派工作室设法使所有设计要素的耐久年限达到一百年。设计师在栖息地内增设了解说牌，为游客介绍当地的植物群和动物群。

梅宁吉湖畔栖息地恢复工程为梅宁吉人及到访梅宁吉的游客提供了可以亲近水域、融入到特有的湖畔栖息地的难得机会。

总平面图

1. 艾伯特湖
2. 1 号场地
3. 2 号场地
4. 3 号场地
5. 4 号场地
6. 普琳西丝公路
7. 纳格路
8. 福布斯大街
9. 桑达姆大街
10. 艾伦大街
11. 艾伯特路

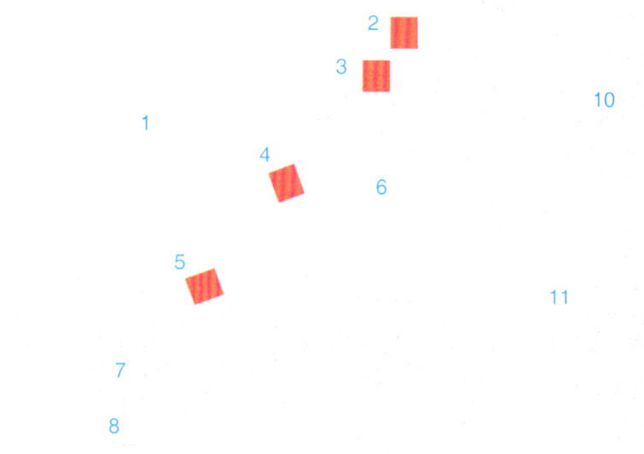

上图：梅宁吉湖畔的台阶可用作座椅使用（南面视角）

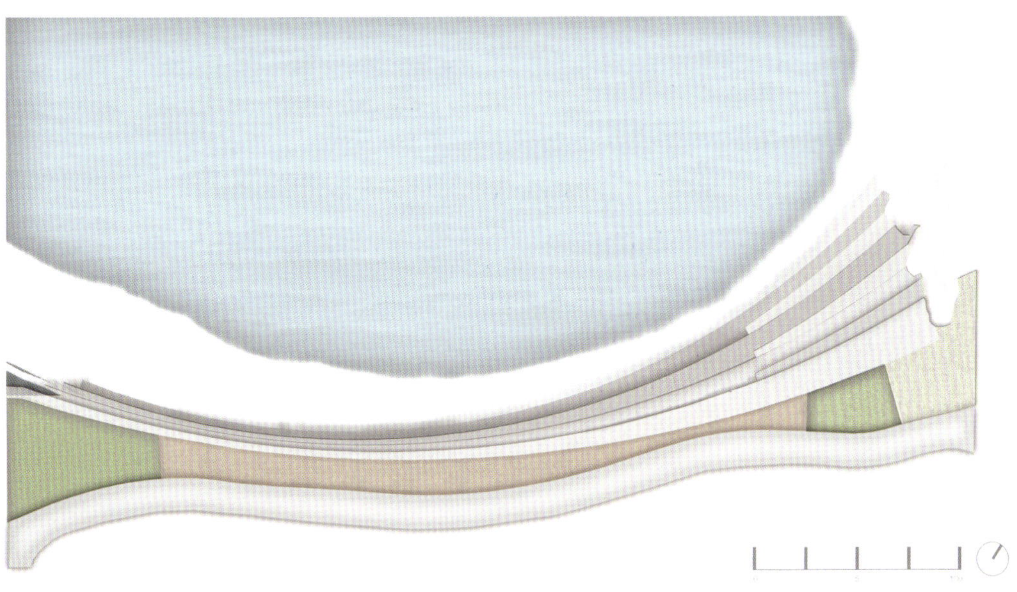

场地总平面图

上图：梅宁吉湖岸的观鸟平台

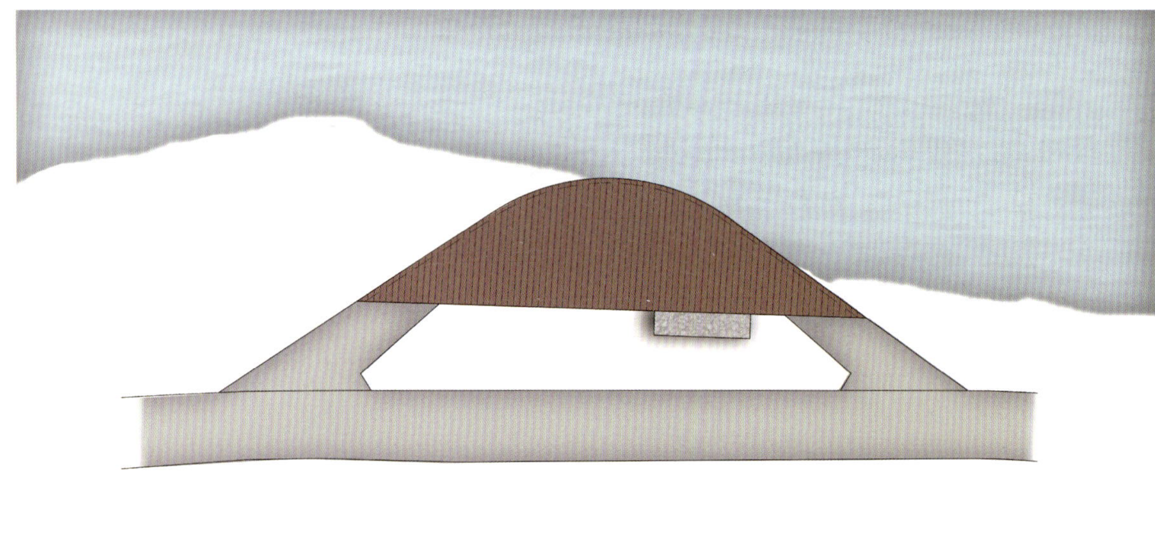

滨水座位区

上图：由复合木料、钢板和混凝土筑成的耐用且简易的观景平台

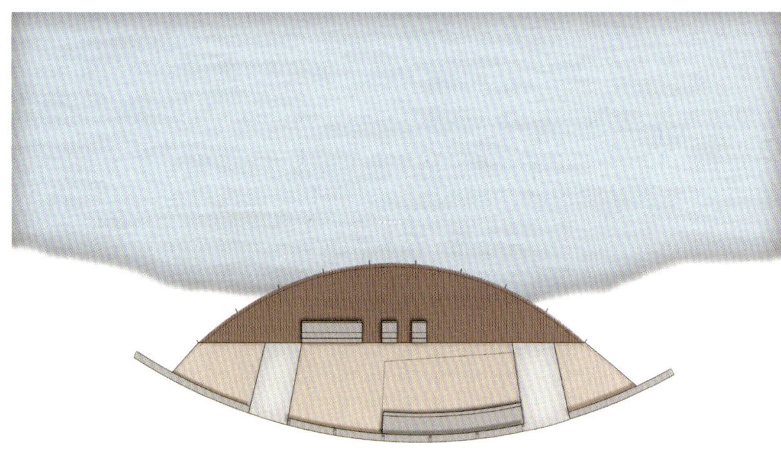

观景台鸟瞰图

上图： 观鸟平台为游客提供了可以亲近水域的难得机会

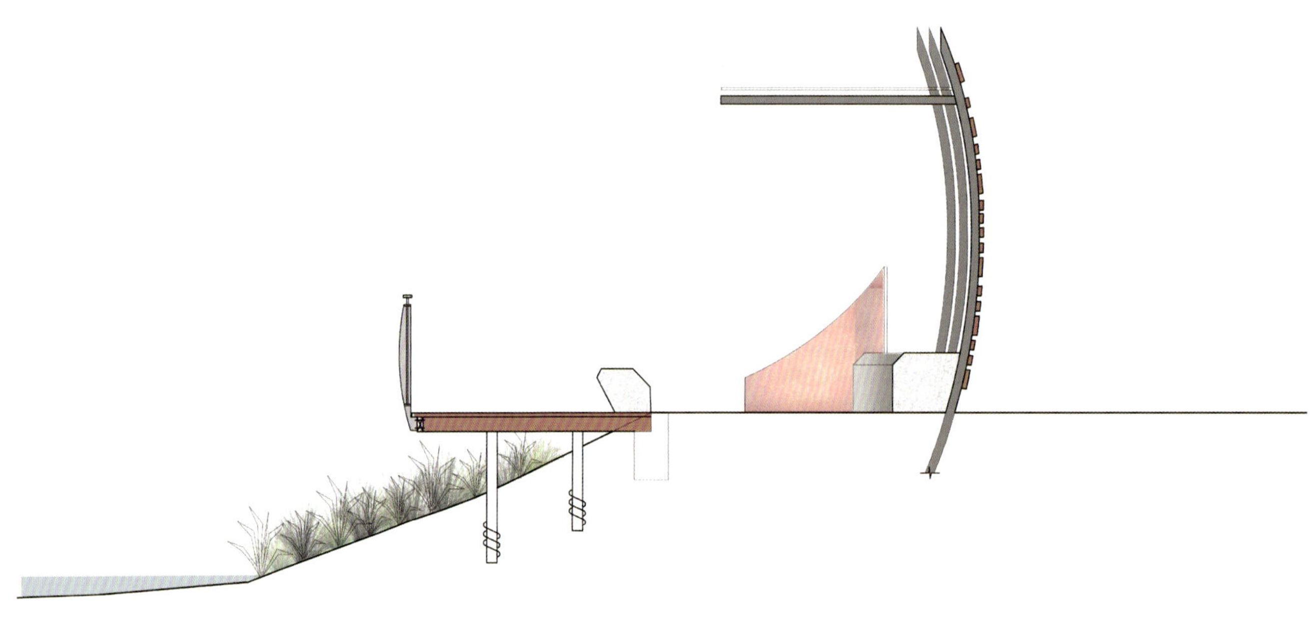

观景台鸟瞰图

上图： 1 号观景平台为游客提供了可以亲近水域的难得机会

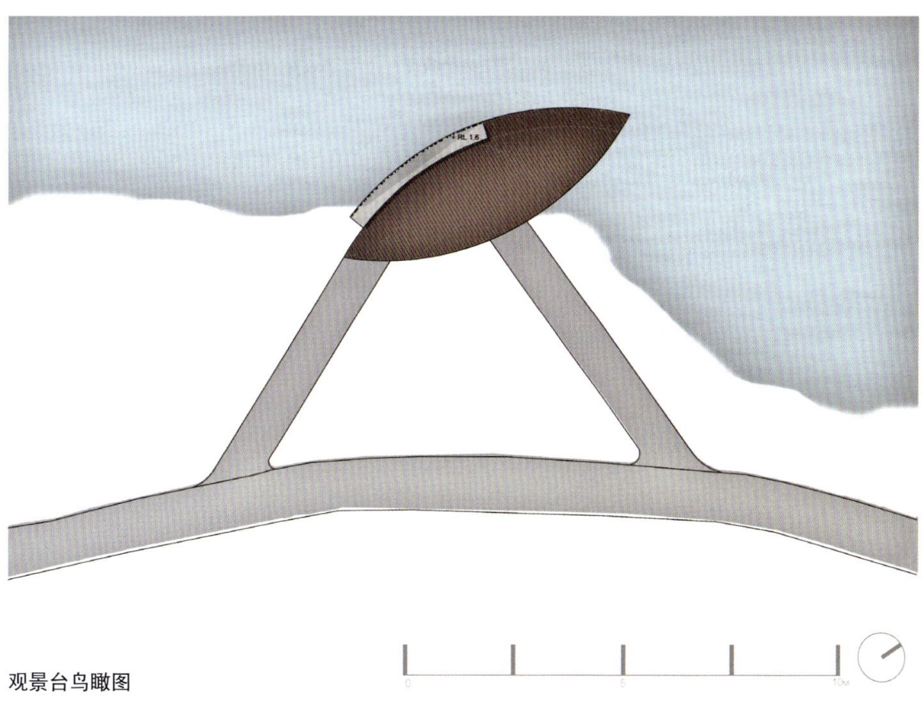

观景台鸟瞰图

上图：观鸟平台上设有座椅和解说牌
下图：解说牌向游客介绍当地的动物群

上图：在现有道路上增设的标识和座椅为前滩游客指引方向

下图：解说牌向游客介绍当地的植物群

考卡里城市公园

项目地点：科皮亚波市，智利
项目面积：60 公顷（148.26 英亩）
建成时间：2014 年
景观设计：特奥多罗 · 费尔南斯建筑事务所（Teodoro Fernández Arquitectos）
项目预算：600 万美元
摄影：特奥多罗 · 费尔南斯建筑事务所
委托方：未知

科皮亚波市位于科皮亚波河的南部，这座城市的城市化建设发展遗留下 200 多公顷（494 多英亩）的空地。这片地理位置优越的空地如今已经成为城市的分界线。多年来，这片空地的环境急剧恶化，面临的主要问题有聚合开采、垃圾存放、矿业垃圾安置以及干旱缺水。考卡里城市公园的设计意图是建立一个城市绿色通道，人们可以通过城市公园顺利抵达科皮亚波河河岸。考卡里城市公园的修建不仅满足了人们欣赏水上风景的愿望，还加深了河流两岸间的联系，水利问题也得到了解决。从这个意义上讲，考卡里城市公园项目实现了多个城市、建筑和景观方面的特定目标。

首先，考卡里城市公园项目主要是对目前的单一公园进行设计和改造。设计和施工工作都必须在当地多个公共机构的监督和管理下合作完成。设计团队根据科皮亚波市的实际情况，在城市公园与周围景观之间划分出明显的分界线，这些分界线的划分是通过道路分布设计来实现的。从城市规划图上来看，它们似乎变成了科皮亚波市的城市缝合线。液压标准是根据科皮亚波河河床植物的野生化程度来制定的，并在一定程度上参照了科皮亚波河横断面的特点，有效地降低了洪水的发生概率，从而保证人们的通行安全。

考卡里城市公园的修建为多种市民活动的开展提供了一处多功能的公共绿地空间，而城市公园也成为科皮亚波市的一处集市民空间、文化空间、娱乐空间、景区和活动空间于一身的独特空间。城市公园的总体结构布局体现出多种设计意图。公园北部，多条交织的几何直线型长廊与市区相连；公园南部的布局则更为起伏、系统。

此外，在紧邻5号路与市中心的区域内汇聚有更多的城市项目，艾尔匹特大道和艾斯迪大道旁边则是运动和休闲娱乐中心。

最后，考卡里城市公园项目将当地特有的动植物群和与科皮亚波市及城市历史相协调的物料融入到城市公园的设计中，开创了这一集物料、景观与生态于一体的设计形式。动植物和当地的水文情况方面，设计人员提议对景观的自然特性进行模仿。项目施工方面，设计人员意识到了科皮亚波市过去与铁道和矿业之间的联系，并将这种联系融入到考卡里城市公园的设计中。

总体规划图

上图：河床边铺设有紧密排列的方形石块，生长着当地特有的植物
对页上图：公园远处和近处的景致

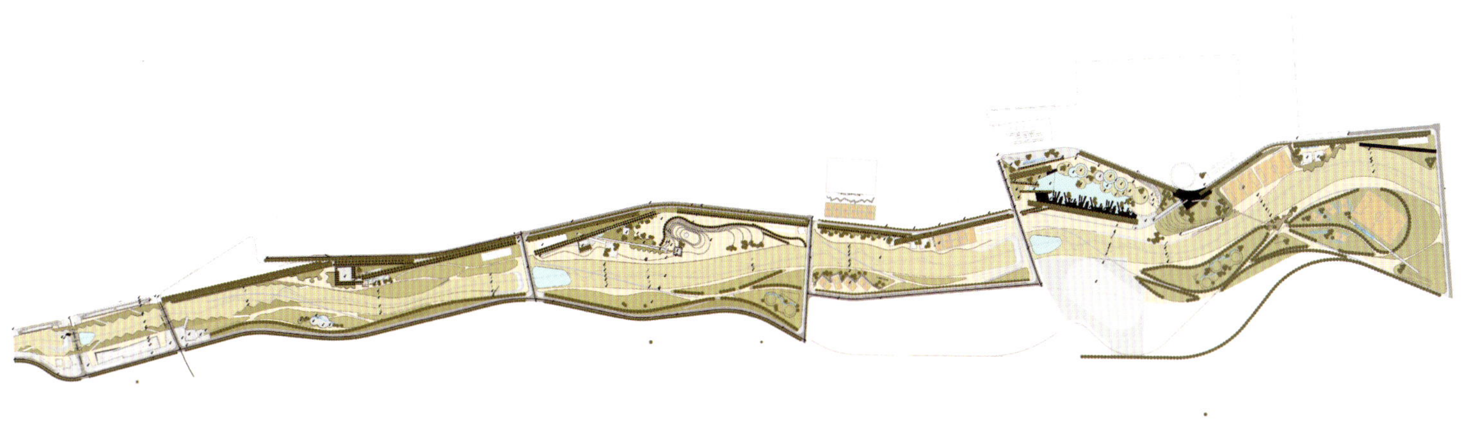

总布局图

平面图 比例 1:500

1. 迈普区
2. 和平桥
3. 科培大道
4. 斯塔内拉大道南
5. 斯塔内拉大道南（非项目区域）
6. 肯尼迪大桥

上图：通往河床的混凝土坡道和台阶

对页上图：公园的地质构造使人回想起这座城市的矿业背景

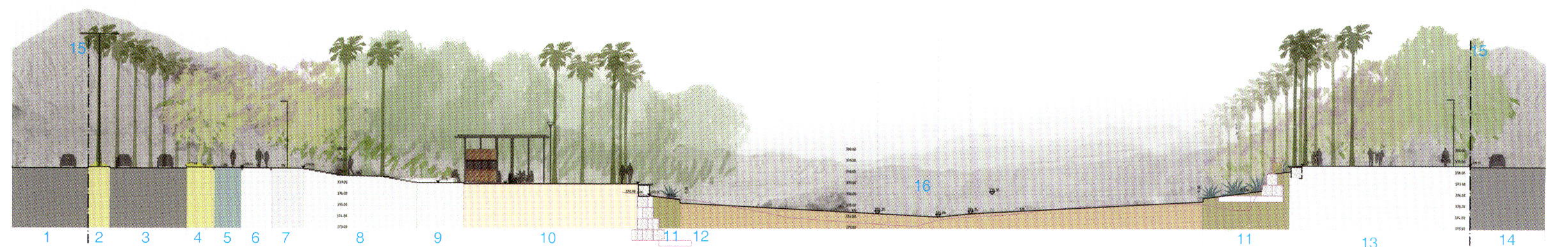

剖面图 1

1. 南侧滨江大道的南侧车道
2. 安全岛
3. 南侧滨江大道的北侧车道
4. 花园
5. 车道
6. 人行道
7. 楼梯平台
8. 楼梯
9. 阶地
10. 广场
11. 岩石
12. 天然的地势
13. 步行道
14. 北侧的滨江大道
15. 停车线
16. 水位标记

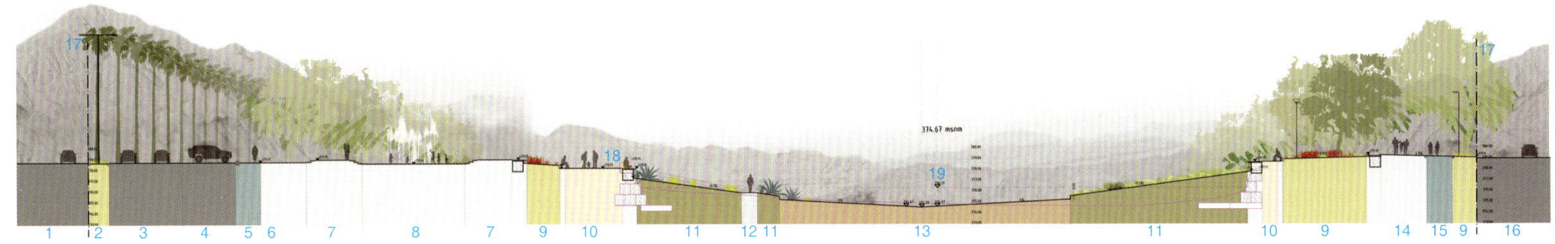

剖面图 2

1. 南侧滨江大道的南侧车道
2. 安全岛
3. 南侧滨江大道的北侧车道
4. 停车场
5. 自行车道
6. 人行道
7. 广场
8. 喷泉广场
9. 花园
10. 步行道
11. 岩石
12. 坡道
13. 天然的地势
14. 步行道
15. 自行车道
16. 北侧的滨江大道
17. 停车线
18. 石笼网台阶
19. 水位标记

左上图及右上图：用途灵活的混凝土设施
下图：打孔金属板打造出一种自然的遮阴效果
对页：几何元素描画出自然景观设计的轮廓

埃利科特公园绿道项目

项目地点：布法罗市，美国
项目面积：3,065 平方米（3,300 线性平方英尺）
建成时间：2014 年
景观设计：nARCHITECTS 事务所 & SCAPE 景观设计事务所
项目预算：600 万美元
摄影：弗兰克·奥德曼（Frank Oudeman），nARCHITECTS 事务所 & SCAPE 景观设计事务所
委托方：布法罗尼亚加拉医学院，布法罗市

2006 年，nARCHITECTS 事务所在布法罗尼亚加拉医学院举办的一场艺术设计竞赛中获胜。nARCHITECTS 事务所提议建造一个 3,065 平方米（3,300 线性平方英尺）的线性公园，以将布法罗尼亚加拉医学院内的多个医院和研究机构与充满活力的城市校园连接起来。

新公园修建在埃利科特街沿线——nARCHITECTS 事务所的参赛作品就名为埃利科特公园。这个公园在 40.46 公顷（100 英亩）的布法罗尼亚加拉医学校园内加入了人们迫切需要的户外公共空间，而户外公共空间的受益者不仅仅是布法罗尼亚加拉医学院社区的居民，还有艾伦镇和福莱特贝尔特（Fruit Belt）附近社区的居民。

为了打造出这一大型的新公共空间，埃利科特公园把东边 4.88 米（16 英尺）的 ROW 步行道与一个 6.1 米（20 英尺）的区域结合起来，构成了一个 10.98 米（36 英尺）宽的线性公园（外加国家电网公园内的一处宽广区域），横跨 6 个街区——从古德尔街到北街。

在这场艺术设计竞赛中获胜后，布法罗尼亚加拉医学院刚刚从自由贸易区（FTA）和美国联邦公路局（FHWA）处获得资金，

nARCHITECTS 事务所便与 SCAPE 景观设计事务所、Tillett 灯光设计公司，以及当地的 A&E 公司和 Foit Albert & Associates 事务所（与布法罗市签订早期合约）合作一同打造埃利科特公园项目。这一 10.98 米（36 英尺）宽的街道景观被设计成有着多条分叉小径、安全岛和广场的公园式景观。交替的灯光和黑色的混凝土人造景观构成了一个“人行道景观”，并将根据预测的人行速度相应地减少和增加人行道的宽度。

nARCHITECTS 事务所特制的“向内”和“向外”延伸的长凳、SCAPE 景观设计事务所设计的各种植被组合以及 Tillett 灯光设计公司进行的灯光设计，在布法罗尼亚加拉医学院的中心共同构成了一个独特的线性街道景观。

总体规划图

上图：花园内的弧形花槽和蜿蜒小路
下图：990 米（3,300 英尺）长的埃里克特公园平面图

Buffalo General

上图和下图：修设于道路一侧的定制木板长椅
对页：高大的树木、照明设施和弧形花槽使公园内独特空间的轮廓更为分明

雷诺公司旧厂址改造——塞纳河畔绿道

项目地点：布洛涅－毕岚古尔市，法国

项目面积：32 公顷（79 英亩），其中包括 10 公顷（24.7 英亩）的公共景观和 7 公顷（17 英亩）的公园

建成时间：2020 年

景观设计：蒂埃里·拉维恩（Thierry Laverne）/ 法国岱禾景观事务所（Agence TER）

项目预算：6270 万欧元（不含税）

摄影：未知

委托方：瓦尔德塞纳公司（SAEM Val de Seine）

2001 年法国 AAUPC 建筑规划事务所第一次提出了“城市公园”的概念，法国雷诺公司旧厂址改造公共景观项目使“城市公园”这一创新概念成为现实。“城市公园”这一概念的实用性和原创性在于其采用反向规划的方式。

“城市性”是城区构成的核心要素。城区建设涉及营造绿色空间和控制城市密度的问题，而这一概念的推广实现了法国关于“在城市里打造田园生活”的强烈愿望。

2011 年，法国雷诺公司旧厂址改造公共景观项目因其在城市创新发展和生态发展上的出色表现而荣获国家生态区奖。

公园

法国岱禾景观事务所运用最初的总体规划理念对公园进行设计：东西方向与邻近的小岛相连。设计师利用液压技术和地形对河水进行收集和控制。这一理念意图将塞纳河引入城区的中心地带，在城市内打造一处自然清新的生活空间，同时增强人们的生态意识。

雨水

液压技术和雨水处理问题是改造项目需要解决的重点问题。设计师根据雨水量情况对中心公园进行改造。 夏季干旱时节，公园内的浮雕营造出一种山脉的自然风貌。春季多雨时节，部分岛屿会浮出水面。这里的雨水并非都来自公园内部，而是通过一个设计巧妙的系统汇集到雷诺公司旧厂的。公园内部的雨水和马克洛特区中间的雨水通过纵贯南北和横贯东西的小路汇集到雷诺公司旧厂，最终流入中心公园。赛金大道和左拉大道上的雨水也会通过道路系统向中心公园输送雨水。

赛金大道和左拉大道

为了将毕岚古尔市与新城区，特别是塞纳河联系起来，设计师修建了两条纵贯南北的大道：位于改造项目西侧的赛金大道和位于改造项目中心地带的左拉大道。赛金大道的整体外观呈锥形，这条大道的建成为这片区域新添了一架通往赛金岛的桥梁，而这片区域的自然之美也随之被唤醒。左拉大道采用的是不对称设计，将人们的视线引向中心公园。作为项目附近的两处主

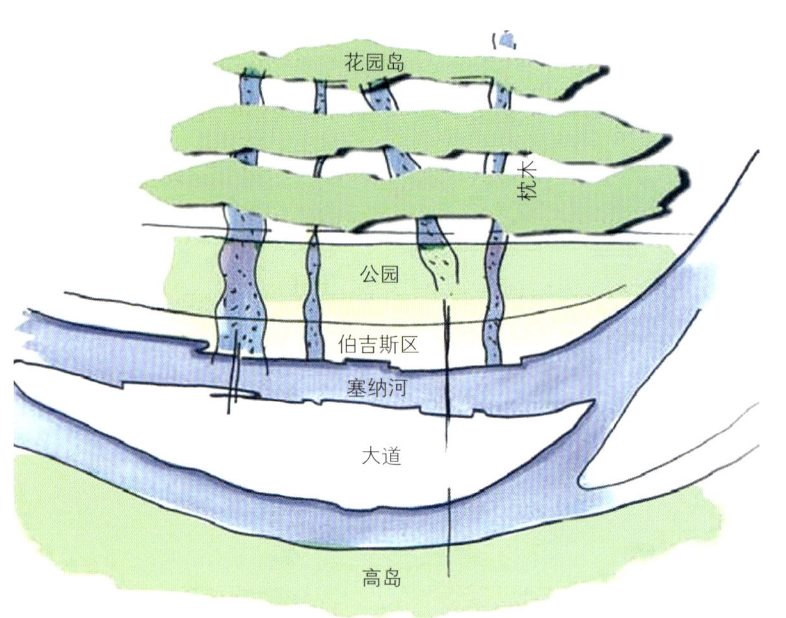

景观结构概念图

上图：道路运行情况
对页上图：整个项目场地的俯瞰图

要的公共景观，赛金大道和左拉大道以一种创新的方式将城区联系起来，并将自然与都市风格融为一体。

纵贯南北和横贯东西的小路

除了修建两条纵贯南北的大道，设计师还对这片区域的其他道路进行了规划和设计，增设了可以方便人们步行的纵贯南北和横贯东西的城市道路。这些次级公共景观的修设同时还考虑到了街区的重新规划问题、人行步道网的建设问题及道路网的安全性和独立性问题。这一可以为所有景区服务的道路网，将城区各处连接起来，不仅构建出街区的中心，还保证了城区的和谐发展。

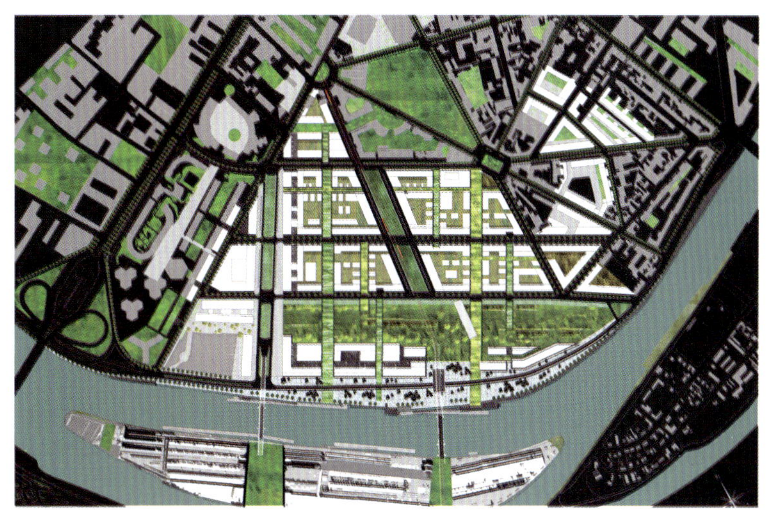
总体规划图

上图：秋日里的河岸植物
对页：雨水花园

赛金大道和左拉大道剖面图

MOBILITE
TOUS

上图：春日里盛开的河岸植物
对页上图：修设于街道之上的生物洼地

路面材料

- 油漆
- 沥青
- 花岗石板
- 花岗岩
- 稳定剂
- 下沉式花园、草坪，等等

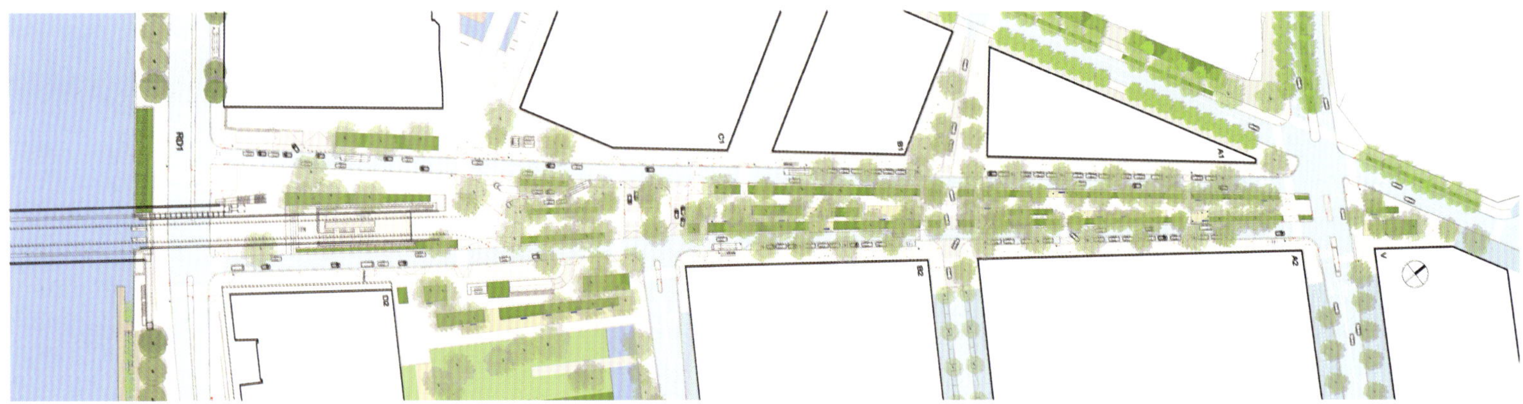

塞金大道平面图

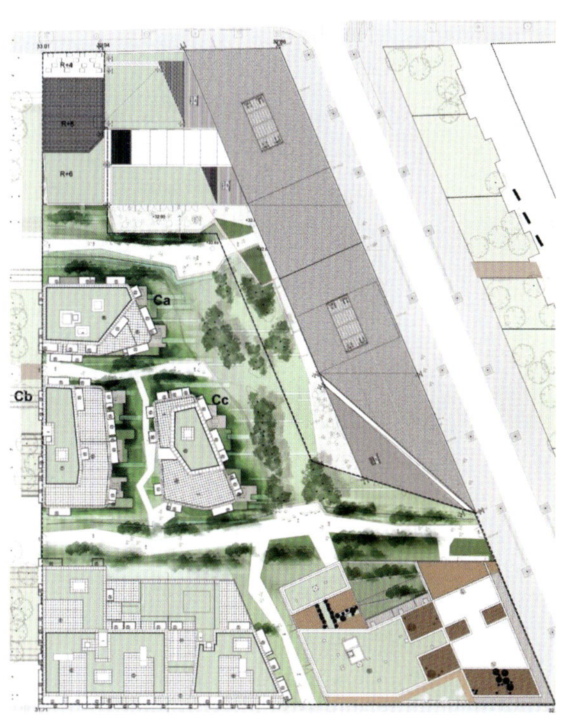

马克洛特街区图

横向概念草图

上图：街道全景图
下图：当地的耐旱树木
对页上图：住宅建筑的绿色屋顶和绿色街道可以有效地获取雨水，是城市里的“绿色海绵”
对页左下图及右下图：当地的植物种类

小海湾

项目地点：悉尼，澳大利亚
项目面积：13.6 公顷（33.6 英亩）
建成时间：2012 年
景观设计： 麦格雷戈 · 科考克斯奥事务所 & 宇比库斯事务所
项目预算：700 万澳元
摄影：西蒙 · 伍德（Simon Wood）
委托方：查特霍尔集团，TA 环球公司

打造可供人们聚会、漫步和举行庆祝活动的，充满生气且富有创造性的多功能公共空间，是该景观设计项目的设计理念。该景观设计项目运用水敏性设计策略、选用当地特有的种植物料，向项目场地进行生态响应的设计。设计人员还对景观的使用进行谨慎地考虑，从而为设置有多种设施的多样化空间提供支持。

公共设计的关键要素是由一种特定的街道类型和两处公园用地——城市中央走廊的布兰德公园（Brand Park）和城市休闲公园（Urban Lounge）组成的。

雨水花园街道以行车道一侧的宽阔的雨水花园洼地和车道另一侧的广阔的草坪洼地为特征。栽植有常规树木的两条景观带将与生长着拔克西木属灌木的东部郊区直接相连。

拟定的树木种类有滨海木麻黄、海岸班克树、锯叶班克树、海滩罗望子和阔叶白千层属植物。

停车场和景观带将与行车道平齐，从而有助于雨水渗透和植物灌溉。为了给水敏性城市设计带来积极的影响，建议使用无沙混凝土等透水材料。

行车道的宽度将设定为 6 米（20 英尺），停产场的宽度将设定为 2.3 米（8 英尺），人行道的宽度拟定为 1.8 米（6 英尺）。齐平路缘石将被嵌入混凝土中，凸起的路缘石拟定被嵌入青石中。行车道内将设置钢筋网格，从而允许雨水流入雨水花园和路边草坪。

景观设计方法可以被归纳为以下几个要点：

• 为需要滞留和净化雨水的项目场地开发综合性雨洪管理系统。基本设计理念是要降低路边草坪的高度，使之与路面高度一致，这样一来，收集到的雨水便可浇灌草坪和树木，流入中央走廊的雨水也可以得到净化。使用透水材料、修设路边洼地、雨水花园及城市休闲公园内的生物滞水池也是水敏性城市设计行动的一部分。

• 为公共用地和适于通行的区域选择合适的铺路材料。

• 建立公共用地、邻近场地、滨海步行道与小海湾海滩之间的联系。

上图：通往小海湾海滩的蜿蜒道路

• 栽植当地的原生植被和使用可持续灌溉的方式。

• 进行侵蚀控制。

• 环境设计方案可以构建出安全而充满活力的公共空间，进而起到预防犯罪的作用。

• 推动中央走廊的改造工程，从而鼓励本地生态系统的创建，推动城市生物多样性的发展。

• 鼓励使用可回收的材料和生态环保型林业经营中产生的木料。

• 尽可能多地保留现有的原生树木。

上图：横跨古湖－湿地／自然保护区的人行天桥
对页上图：通往小海湾海滩的蜿蜒道路

总体规划图

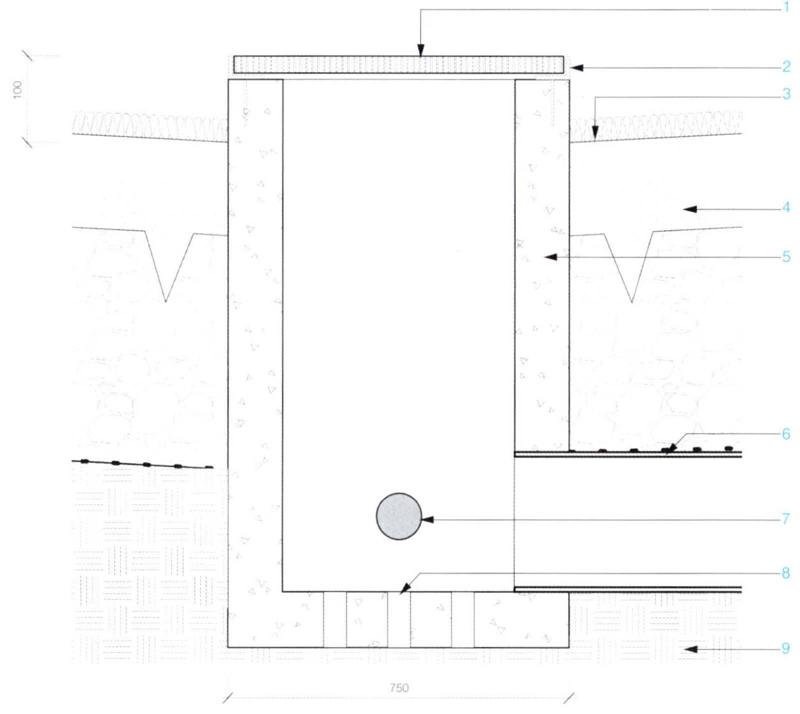

排水系统类型 D7——设有格栅的雨水池——生物过滤池剖面图 比例 1:10

1. 25 毫米（1 英寸）厚的 GAL 盖板和结构框架
2. 固定于水池顶部的 75 x 75 x 8 毫米（3 x 3 x 0.3 英寸）的 GAL 圆锥角螺栓
3. 完工泥面
4. 土壤媒介类型 M3
5. 雨水井盖
6. 约 300 毫米（12 英寸）的雨水排水管道
7. 直径为 100 毫米（4 英寸）的塑料排水管道
8. 井底钻孔以增加雨水渗透量
9. 现有的路基

上图：通往主要道路的楼梯井

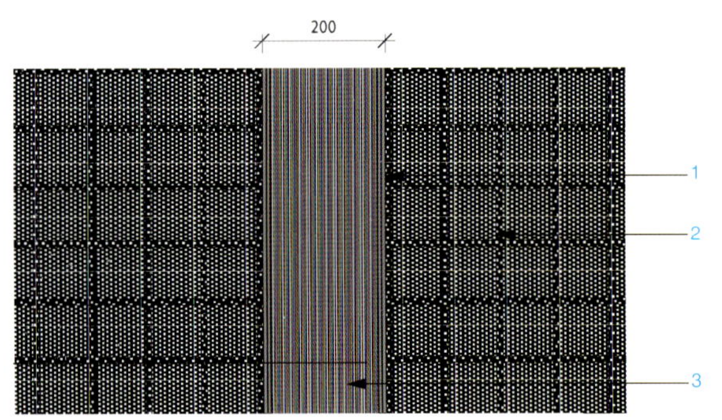

排水系统类型 D5——设有格栅的排水管道平面图 比例 1:10

1. 坡度断面图
2. 路面变化
3. 200 毫米（8 英寸）宽的设有不锈钢滤栅的排水管道

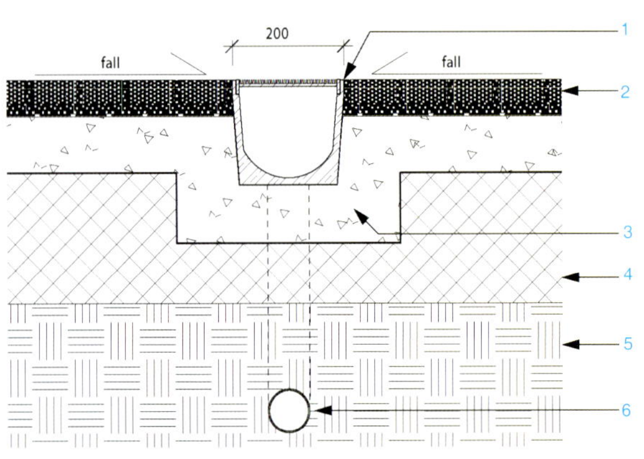

排水系统类型 D5——设有格栅的排水管道剖面图 比例 1:10

1. 200 毫米（8 英寸）宽的设有不锈钢滤栅的排水管道
2. 路面变化
3. 混凝土底脚加固
4. 工程底基图
5. 现有的路基
6. 集水井 + 格栅

排水系统类型 D5——设有格栅的排水管道

上图：休闲娱乐区

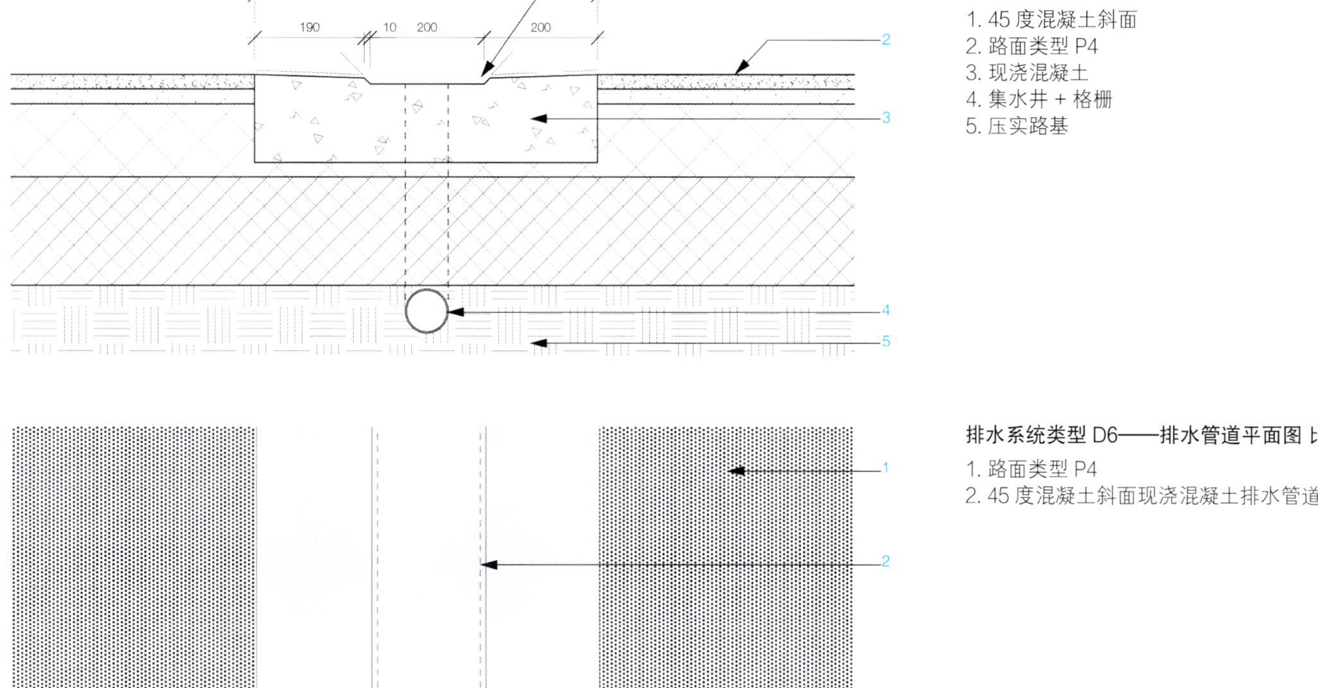

排水系统类型 D6——排水管道剖面图 比例 1:10

1. 45 度混凝土斜面
2. 路面类型 P4
3. 现浇混凝土
4. 集水井 + 格栅
5. 压实路基

排水系统类型 D6——排水管道平面图 比例 1:10

1. 路面类型 P4
2. 45 度混凝土斜面现浇混凝土排水管道

上图：项目场地东南方向的景致
对页上图：项目场地东面的景致
对页下图：靠近休闲娱乐区的砂岩挡土墙

区域时间轴

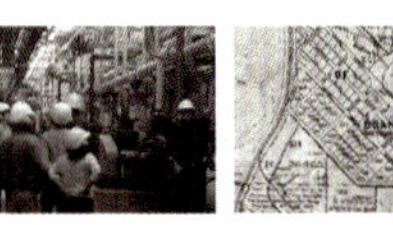
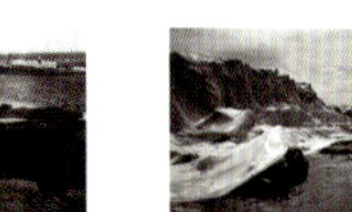

1788 英租界的小渔村

1899 私人土地出让

1909 国家妓女教养所及男子监狱

1901 有轨电车路线一直延伸至马拉巴尔海岸妓女教养所及海岸医院

1916 修建污水处理厂

1920 郊区土地划分

1925 马拉巴尔沉船事件

1969 赫里斯托和珍妮・克劳德包裹海岸 100 万平方英尺的小海湾

1970 长湾男子监狱升级改造

1990 开展深海污水处理工程

聚落形态的改变

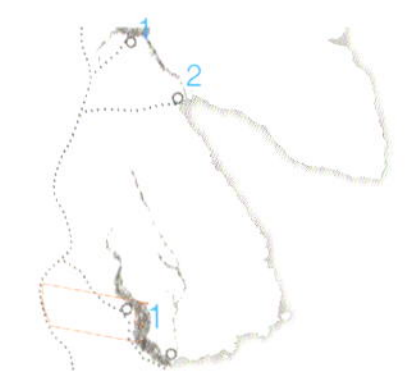

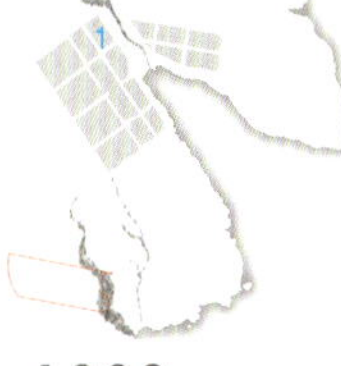
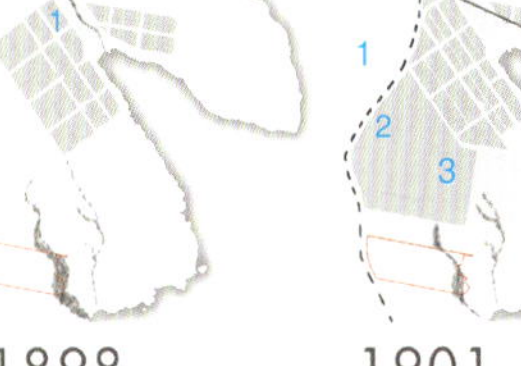

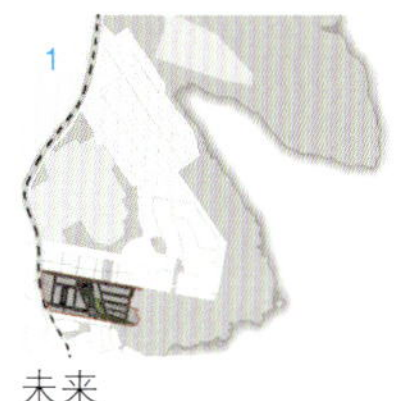

1788
1. 湿地
2. 季节性营地

1898
1. 布兰德村

1901
1. 有轨电车路线建成
2. 妓女教养所
3. 男子监狱
4. 排污口

1970
1. 长湾男子监狱扩建
2. 公共住宅建设

1990
1. 深海污水处理工程

未来
1. 恢复有轨电车路线

保护区

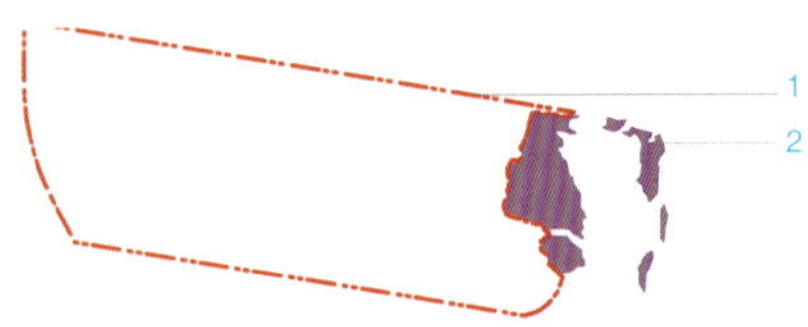

东方拔克西木属植物
1. 场地边线
2. 环氧苯乙烯一丁二烯一苯乙烯

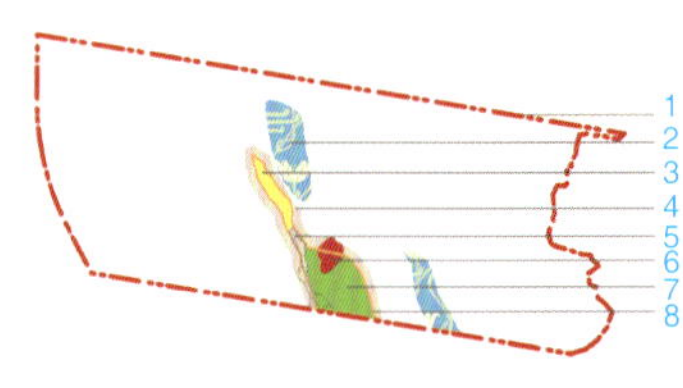

中新世 & 赭石沉积物
1. 场地边线
2. 现有的水坝
3. 白色赭石
4. 缓冲区 7 米至 10 米（23 英尺至 33 英尺）
5. 露头砂岩
6. 裸露的中新世页岩
7. 红色 / 白色赭石
8. 原始场地边线

现有的堤坝

海边高尔夫球场

邻近新军团大道的场地入口

生长于场地边的东方拔克西木属植物

裸露的中新世大坝

澳新军团大道下不远处的运动场

保留北部边界道路上的木麻黄属植物

索引

AAUPC–AGENCE FRANCE
68 Rue de la Folie Méricourt, 75011 Paris, France
Tel: +33 1 43 38 36 41

Agence Laverne, Paysage & Urbanisme
6 Place, Louis XIII, 94152 Rungis, France
Tel: +33 1 46 87 25 91

Andropogon Associates Ltd.
10 Shurs Lane, Philadelphia, PA 19127, United States
Tel: +1 215 487 0700
Founded more than 30 years ago, Andropogon is committed to the principle of 'designing with nature,' creating beautiful and evocative landscapes inspired by the careful observation of natural processes and informed by the best environmental science.

Asakura Robinson Company LLC
1902 Washington Avenue, Suite A Houston, TX 77007, United States
Tel: +1 713 337 5830
Asakura Robinson is a planning, urban design, and landscape architecture firm most noted for design sensitivity, highly effective public engagement, and as tireless champions of a more beautiful and healthful environment. Led by principals Keiji Asakura and Margaret Robinson, the award-winning firm was established in March 2004 in Houston, Texas.

ASPECT Studios
Room 203 519 Jumen Road, Luwan District, Shanghai, China, 200023
Tel: +86 21 5302 8555
ASPECT Studios provides the best in creative design for landscape architecture, urban design, high-end interactive digital media, and environmental graphics. With six studios located within Australia and China, and over 100 people, ASPECT Studios is an Australian-owned business with an industry-leading track record of award-winning, both for the projects that they design and also for the way that they think.

Atelier de paysages Bruel-Delmar
40 Rue Sedaine 75011 Paris, France
Tel : +33 1 47 00 00 51
Graduating in 1986, Anne-Sylvie Bruel lost no time in creating her own studio and pursued her research theme while working for several years for the Paris-Rhin-Rhone Motorway Company. Philippe Motte, president of the SEDAF, entrusted her with several projects in the new towns of the greater Paris area and in 1989 she joined with Christophe Delmar to create their Atelier de Paysages.

Bureau B+B Urbanism and Landscape Architecture
Gedempt Hamerkanaal 96, 1021 KR Amsterdam, Netherlands
Tel: +31 (0) 20 6239801
In Bureau B+B's approach, pefection in craft and technique is guaranteed from the very first brainstorming session. A design concept can be so exceptional that a mediocre execution can ruin it completely. Collaborations with our clients are based on trust and communality. This offers room for flexible input in terms of scenarios, intermediate stages, and final images. Sustainability is our fifth core value, which summarizes our philosophy at the same time.

carve
Kortenaerplein 34, 1057 NE Amsterdam, Netherlands
Tel: +31 (0) 20 427 57 11

Grant Associates
22 Milk Street, Bath BA1 1UT, United Kingdom
Tel: +44 (0) 1225 332664
Fax: +44 (0) 1225 420803
Designers at Grant Associates believe that cities and all development projects must be reconnected with the life force and wonder of nature and that Landscape and Urban Design cannot simply be about aesthetics or sustainable resource-management alone. Instead, it must create a framework that creates an inspirational environment for physical and sensory encounters with nature while sustaining and enhancing the core natural resources of food, air, water, and biodiversity.

McGregor Coxall
(Sydney Office) 21C Whistler Street, NSW 2095, Australia
Tel: +61 (02) 9977 3853
McGregor Coxall are proponents of a new wave of environmentally focused landscape architecture, which is framed within a modernist design approach. Drawing on a diverse inhouse team with expertise in landscape architecture, urban design, architecture, graphics, planning, horticulture, and urban ecology they cross traditional design boundaries.

MD Landschapsarchitecten
Kerklaan 30, 9751 NN Haren, Netherlands
Tel: +31 (0) 50 527 8218
MD Landschapsarchitecten is oriented toward the design and visualization of, and the strategy for, the spatial development of the city and surrounding countryside. The office was founded by Mathijs Dijkstra in 2005 and now consists of a team of specialists in the domain of landscape architecture.

nARCHITECTS, PLLC

68 Jay Street #317, Brooklyn, NY 11201, United States
Tel: +1 718 260 0845

Principals Eric Bunge and Mimi Hoang founded nARCHITECTS in 1999 with the aim of addressing contemporary issues in architecture through conceptually driven, socially engaging, and technologically innovative work.

Patel Taylor

48 Rawstorne Street, London EC1V 7ND, United Kingdom
Tel: +44 20 7278 2323

Patel Taylor was founded by Pankaj Patel and Andrew Taylor in 1989. Based in Clerkenwell, London, the office is structured to tackle a host of different projects while maintaining consistent quality and the personal involvement of the founders throughout.

Teodoro Fernández Arquitectos

Luis Thayer Ojeda 1983, Providencia, Santiago, Región Metropolitana, Chile.
Tel: +56 2 2205 0565

The Office of James Burnett

550 Lomas Santa Fe, Suite A Solana Beach, CA 92075, United States
Tel: +1 858 793 6970

The Office of James Burnett (OJB) focuses on creating landscapes that transform perspectives and evoke emotional responses, creating unique and unforgettable sensory experiences. The firm's work imaginatively unifies the relationship between landscape and architecture, ensuring unique compositions that satisfy the demands of both form and function.

TROP

36/66 Soi Sahakorn 6, Lad Prao 71, Bangkok, Thailand 10230
Tel: +66 2 932 4848

TROP is a landscape architectural design studio with a team of designers and construction supervisors. Led by Pok Kobkongsanti, their philosophy is to create unique designs for each project that they work on. They believe that their design process is as important as the design itself, so they work very closely with each of their clients. Since 2007, TROP has been working on various projects throughout Asia.

Strada

425 Sixth Avenue, 7th Floor Pittsburgh, PA 15219, United States
Tel: +1 412 263 3800

At Strada, they create physical connections that forge social connections. Founded and led by a team of seasoned professionals, Strada is a cross-disciplinary design firm where architects and interior designers regularly collaborate with urban designers, landscape architects, and graphic designers to create places that people enjoy. More than a group of designers, Strada's professionals are trusted advisors.

SWA

811 W 7th Street, 8th Floor, Los Angeles, California, 90017-3419, United States
Tel: +1 213 236 9090

WOWHAUS

Moscow 119072, Bersenevsky per., 5, bldg. 4, 4th floor, Russia
Tel: +7 495 988 2094

Founded by Oleg Shapiro and Dmitry Likin in 2007, Wowhaus lost no time in tackling an issue that years later was to become central to architecture: that is how to organize the urban environment.